Über die Herkunft der Form der Runen der gemeingermanischen Runenreihe
oder
die Botschaft der Atlanter

von

Karsten Marquardt

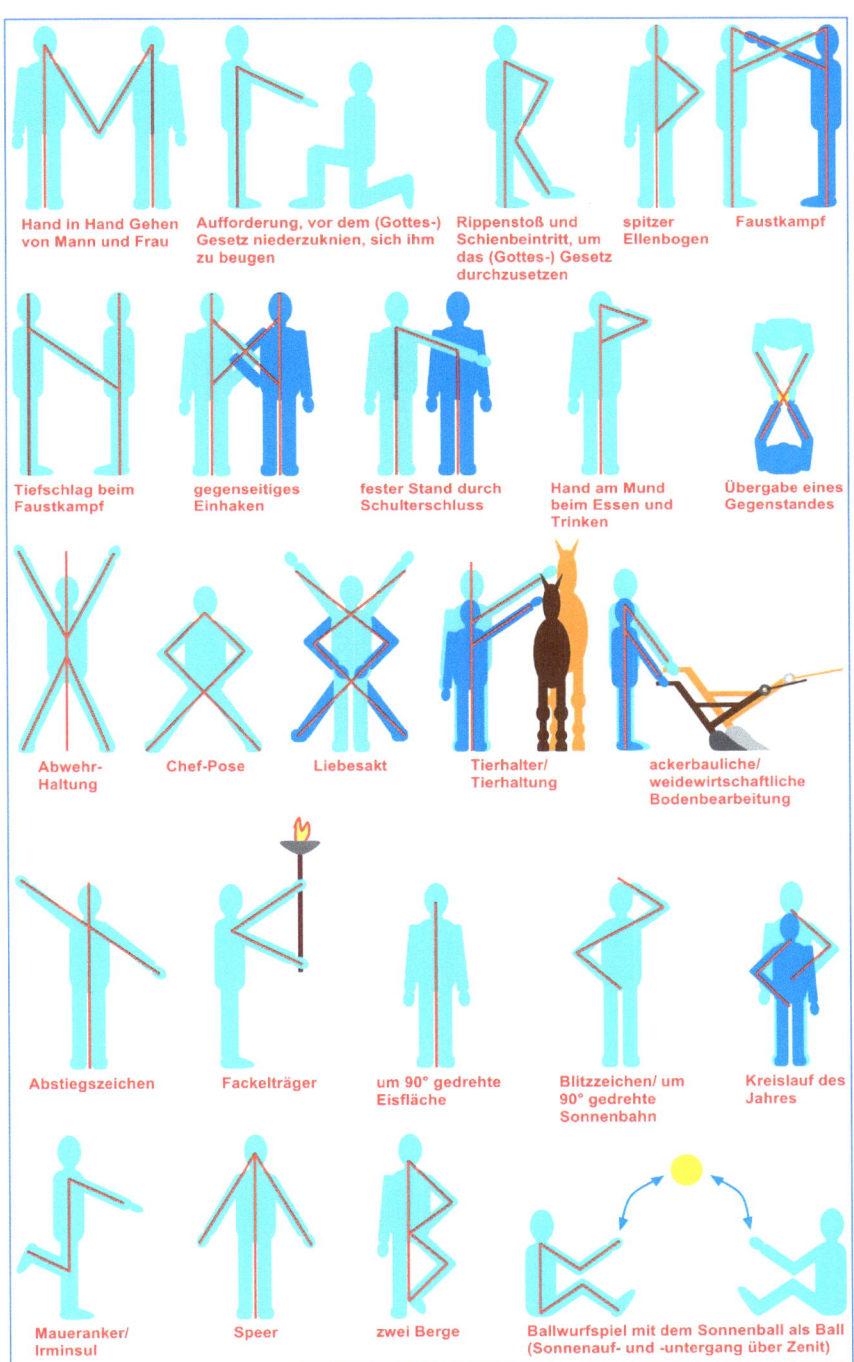

Hand in Hand Gehen von Mann und Frau

Aufforderung, vor dem (Gottes-) Gesetz niederzuknien, sich ihm zu beugen

Rippenstoß und Schienbeintritt, um das (Gottes-) Gesetz durchzusetzen

spitzer Ellenbogen

Faustkampf

Tiefschlag beim Faustkampf

gegenseitiges Einhaken

fester Stand durch Schulterschluss

Hand am Mund beim Essen und Trinken

Übergabe eines Gegenstandes

Abwehr-Haltung

Chef-Pose

Liebesakt

Tierhalter/ Tierhaltung

ackerbauliche/ weidewirtschaftliche Bodenbearbeitung

Abstiegszeichen

Fackelträger

um 90° gedrehte Eisfläche

Blitzzeichen/ um 90° gedrehte Sonnenbahn

Kreislauf des Jahres

Maueranker/ Irminsul

Speer

zwei Berge

Ballwurfspiel mit dem Sonnenball als Ball (Sonnenauf- und -untergang über Zenit)

Abbildung 1: Runen-Überblick

III

Inhaltsverzeichnis

Einleitung

Vorangestellt werden die ersten acht Strophen von Odins Runenlied aus der Edda (aus „Die Edda, die ältere und jüngere nebst den mythischen Erzählungen der Skalda") und zwei Bilder (Abbildung 2 und Abbildung 3):

Odhins Runenlied.

1

Ich weiß, daß ich hieng am windigen Baum
Neun lange Nächte **[Odin war dabei am Baum gefesselt, Verfasser]**,
Vom Sper verwundet, dem Odhin geweiht,
Mir selber ich selbst,
Am Ast des Baums, dem man nicht ansehn kann
Aus welcher Wurzel er sproß.

2

Sie boten mir nicht Brot noch Meth;
Da neigt' ich mich nieder **[Odin neigt den Kopf nach unten und schaut herunter, da er ja noch gefesselt ist, Verfasser]**
Auf Runen sinnend, lernte sie seufzend:
Endlich fiel ich zur Erde **[Odin hat sich also von seinen Fesseln erlöst, Verfasser]**.

3

Hauptlieder neun lernt ich von dem weisen Sohn
Bölthorns, des Vaters Bestlas **[Bestla ist Odins Mutter, Bölthorn Bestlas Vater und mit dem weisen Sohn Bölthorns ist Mimir gemeint, der also Bestlas Bruder und Odins Oheim ist. Mimir wird hier als derjenige genannt, von dem Odin die Runen lernt, als Geber der Runen, Verfasser]**,
Und trank einen Trunk des theuern Meths
Aus Odhrörir geschöpft.

4

Zu gedeihen begann ich und begann zu denken,

VI

Wuchs und fühlte mich wohl.
Wort aus dem Wort verlieh mir das Wort,
Werk aus dem Werk verlieh mir das Werk.

5
Runen wirst du finden und Rathstäbe,
Sehr starke Stäbe,
Sehr mächtige Stäbe.
Erzredner ersann sie, Götter schufen sie,
Sie ritzte der hehrste der Herscher.

6
Odhin den Asen, den Alfen Dain,
Dwalin den Zwergen,
Alswidr aber den Riesen; einige schnitt ich selbst.

7
Weist du zu ritzen? weist zu errathen?
Weist du zu finden? weist zu erforschen?
Weist du zu bitten? weist Opfer zu bieten?
Weist du wie man senden, weist wie man ändern soll?

8
Beßer ungebeten als zuviel geboten:
Der Gabe wird stäts Vergeltung.
Beßer nichts gesendet als zu viel geändert;
So ritzt' es Thundr zur Richtschnur den Völkern.
Dahin entwich er, von wannen er ausgieng.

...

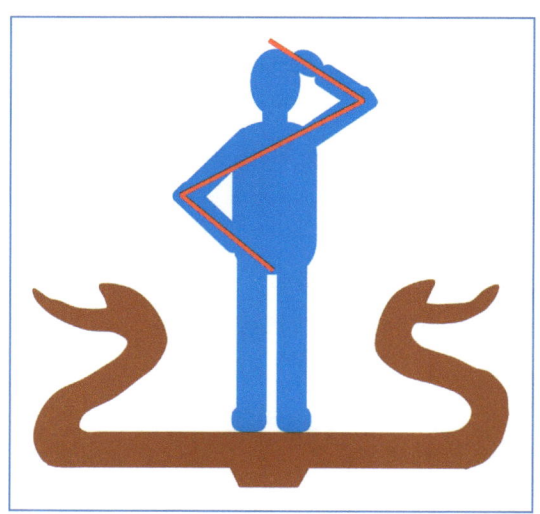

Abbildung 2: Sonnengott, die sowila-Rune formend, im Schwanenschiff

Abbildung 3: Schwanenschiff mit Sonne

Bei den beiden dem Original nachempfundenen Abbildungen, die im Original auf germanischen Bronzen vorhanden sind, die man in Mecklenburg, der Steiermark und in Italien (Nekropole von Suessela) (Abbildung 2) [1] und z.B. in Siem (Amt Olberg in Dänemark), in Rossin (Kreis Anklam), in Granzin (Kreis Parchim), in Prenzlawitz (Kreis Graudenz) und in Corneto (Italien) (Abbildung 3) [2] gefunden hat, und die aus *einer* Zeit, der Großen Wanderung

---

[1] J. Spanuth schreibt in „Atlantis" auf S. 465 sinngemäß, dass die in Mecklenburg, der Steiermark und in Italien (Nekropole von Suessela) gefundenen Darstellungen Apollons, bei denen dieser in einem nordischen Schiff stehe, dessen beide Steven mit Schwanenköpfen verziert seien, und wobei er einen Arm in halbkreisförmiger Haltung halte und den anderen Arm zum Kopf erhebe, aus der Zeit der Großen Wanderung stammen würden.

[2] J. Spanuth schreibt in „Atlantis" auf S. 465/ 466 sinngemäß, dass

(der Germanen) in der Bronzezeit, und von **einem** Volk, den Germanen, stammen und die daher miteinander verglichen werden können, hat dies den Grund, weil (Abbildung 2) offensichtlich das Gleiche darstellt wie (Abbildung 3): die Sonne in einem Schiff, denn die Person in Abbildung 2 formt offensichtlich mit beiden Armen die **sowila-Rune** (der ergänzte rote Geradenzug, der auf dem Original nicht vorhanden ist), deren Begriffsgeltung die Sonne ist. D.h., in Abbildung 2 ist offensichtlich der (germanische) Sonnengott dargestellt.

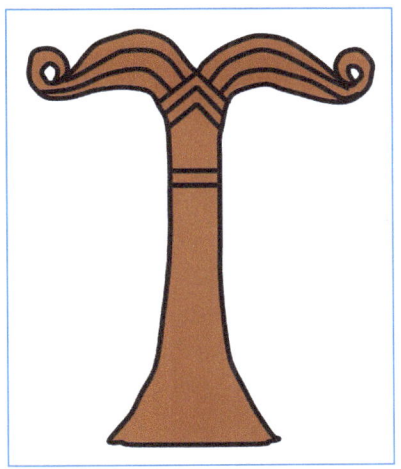

Abbildung 4: Irminsul

Außerdem kann man diese Darstellung des Schiffes mit der Sonne wohl als weitere Variante der Weltsäule/ Himmelsstütze/ Irminsul (Abbildung 4) ansehen, wobei die Schwanenhälse und -köpfe des Schiffes für die Volutenenden/ Spiralenden der Irminsul stehen, das angedeutete Schwert des Schiffes für den Schaft der Säule und die Wellen, auf denen sich das Schiff auf dem Wasser/ Meer bewegt, für die Wellen/ Schwingungen der Voluten. Und in der Mitte, auf dem sog. „Sitz der Sonne", steht der Sonnengott, die Sonne.

Darstellungen der Sonne, die in einem mit Schwanensteven verzierten Schiff über das Meer gefahren werde, im Norden häufig seien. Solche Darstellungen der Sonne, die aus der Bronzezeit stammen würden, finde man z.B. auf Bronzekesseln von Rossin (Vorpommern), von Siem (Amt Olberg), von Granzin (Kreis Parchim), von Prenzlawitz (Kreis Graudenz) und auch auf einem Bronzegefäß von Corneto (Italien).

Und da der Weltenbaum/ die Weltesche nur eine andere Form der Darstellung der Weltsäule/ Irminsul ist, kann dann diese Schiffsdarstellung mit dem Sonnengott, wie er die **sowila-Rune** formt, ebenfalls als eine Entsprechung des Weltenbaumes/ der Weltesche angesehen werden.

Soll heißen: Hier in (Abbildung 2) ist offensichtlich dargestellt, wie Odin (der germanische Sonnengott) die Runen, am Weltenbaum an einem Seil um die Hüften hängend (so kann er Arme und Beine frei bewegen), entsprechend Odins Runenlied (siehe oben) erfindet: mit dem eigenen Körper, indem er sie mit Armen und Beinen als Runen-Beistriche und unter Benutzung der Körperlängsachse als senkrechtem Hauptstab der Runen formt/ darstellt.

(Das spiralförmig hergestellte Seil (jedes Seil hat diese Form) um die Hüften Odins ist dabei als Entsprechung des manchmal auch spiralförmig dargestellten Schaftes der Weltsäule/ Irminsul anzusehen, was die Drehung der Erde um ihre eigene Achse oder der Gestirne meint. D.h. es wird hier mit der Weltesche und dem Seil eine Mischform der Darstellung zwischen Weltsäule/ Irminsul und Weltenbaum/ Weltesche benutzt.)

Odins Runenlied kann dann folgendermaßen gedeutet werden: Odin neigt den Kopf nach unten und schaut herunter. Dabei schaut er entweder direkt auf die Verwundungen durch den Speer an seinem Körper, die dann so ähnlich aussehen müssen, wie die roten Striche der Rune in (Abbildung 2) und der auf die Körper gezeichneten Runen auf den Abbildungen der folgenden Seiten, und liest sie mit dem Auge ab, oder er sieht seinen Körper und die Verwundungen daran als Spiegelbild im unter ihm befindlichen Wasser (der Mimirs-Quell befindet sich genau am Fuße der Weltesche, Odin hängt also genau über ihm), und erkennt dabei die Möglichkeit, durch verschiedene Körperhaltungen Formen zu bilden, die sich für eine Schrift eignen.

Diese letzte Variante des Runenerfindens wird noch dadurch unterstützt, weil ein Auge Odins die Sonne und das andere die sich im Wasser spiegelnde Sonne ist. So hat er zwar die Runen vom Wasser, von Mimir (Mimir ist der germanische Gott des Wassers), erhalten, indem er aus seinem Spiegelbild im Wasser

Schlussfolgerungen zog, aber eigentlich hat er sie damit selbst erfunden. Und die Selbst-Lösung Odins von seinen Fesseln am Weltenbaum ist dann natürlich als die sprichwörtliche Entfesselung des Geistes/ des Denkens durch die Erfindung und Benutzung der Runenschrift zu verstehen. Und dadurch beginnt er natürlich zu wachsen und zu gedeihen und weise zu werden.

Aber es gibt noch eine andere Möglichkeit, wie Odin die Runen von Mimir, dem Wasser, erhalten haben könnte. Denn die Person in Abbildung 2, die die **sowila-Rune** formt, steht ja auf einem Schiff. Und in „Atlantis" wird gesagt, dass die Atlanter eine Flotte von ca. 1200 Seeschiffen besaßen. Und operierten diese Schiffe im Verband, brauchte man gewiss schon damals eine Verständigungsmöglichkeit durch Zeichengebung, entweder durch Flaggen- oder Armzeichen, denn auf mittlere Entfernung, wie es dort gebraucht wird, ist mit Zurufen nichts mehr zu machen. Und was in Abbildung 2 dargestellt ist, sieht denn ja auch ähnlich der heutigen Winker-Signalgebung (den Winkerverfahren, dem Winkalphabet) auf Schiffen aus.

Man kann sich also fragen, ob vielleicht durch das Bedürfnis der Verständigung auf See von Schiff zu Schiff die Runen-Schrift entstanden ist? Zwar eignen sich nicht alle Runen zu einer Signalgebung im Sinne der heutigen Winkerverfahren, wo die Zeichen von einer Person gegeben werden, weil, wie auf den folgenden Seiten gezeigt wird, zwei Personen dazu gebraucht werden und bei einigen sind die Körperhaltungen identisch, aber es ist ja durchaus nicht unmöglich Zeichen mittels zweier Personen zu geben und bei den identischen kann man sich für eines entscheiden.

Die damalige Zeichengebung auf See könnte aber auch nur den Anstoß zur Entwicklung der Runen-Schrift gegeben haben, indem man sich die Möglichkeit der Bildung von Zeichen durch Körperhaltungen dort absah und nur ähnliche Zeichen entwarf, wie sie dort verwendet wurden.

So hat dann die Seefahrt zur Entwicklung der Runen-Schrift geführt, also auch so sind die Runen im übertragenen Sinne von Mimir, dem Wasser, gegeben. Und die neun Hauptlieder, die Odin von Mimir lernt, könnten sich dann auf die neun Töchter Ägirs, die Wellen, beziehen (Haupt ist z. B. auch eine Anspielung auf Mimirs

Haupt, die Quelle eines Flusses), also auch auf das Wasser, oder auf die bei der **ė(h)waz-Rune** beschriebene Neuneinigkeit zwischen Werden, Sein und Vergehen und Pflanzenwelt, Tierwelt/ Mensch und Gestirnswelt (siehe dort), was sozusagen den Rahmen der Runen bildet.

Nach diesen Vorüberlegungen wurde nun geprüft, ob sich alle Runen durch Körperhaltungen darstellen lassen (Frage?). Dabei wurde zusätzlich ein Abgleich mit den Runennamen und den Begriffsgeltungen der Runen, die man aus alten Runengedichten erschlossen hat, versucht, und zwar in der Weise, dass dabei zuerst nach etwas gesucht wurde, dass einen gegenstandsunabhängigen Abgleich ermöglicht, und danach erst wurde, wenn es nicht anders möglich war, ein Gegenstandsbezug versucht (**pertho-Rune**) oder von anderen übernommen. Folglich wurden bei mehreren verschiedenen und sich auch noch widersprechenden Namen und Begriffsgeltungen diejenigen gewählt, die am besten zu diesem Auswahlprinzip passen. Auch wurden die Runen nach diesem Auswahlprinzip sortiert und ihre Lautwert-Buchstaben in den Überschriften unterstrichen.

Das Ergebnis kann auf den folgenden Seiten angeschaut werden (außer bei der **Ingwa(z)-Rune** und der **pertho-Rune** (ist jeweils extra genannt) sind sich dabei alle Personen als stehend vorzustellen). Und es kann gleich vorweggenommen werden, dass die obige Frage bejaht werden kann.

Wenn man sich nun unter diesen Voraussetzungen die Frage nach dem Alter der Runen-Schrift stellt, so kann folgendes ausgeführt werden:

Zunächst ist es auf diese Weise nicht möglich, die Runen-Schrift aus den dieser ähnlichen Schriften (griechische und lateinische Schrift, norditalische Schriften, phönizische bzw. Philister-Schrift, usw.) abzuleiten, denn dass sich dabei auch die der jeweiligen Rune beigegebene Begriffsgeltung nebst Namen **und** die dazu vollkommen passende Körperpose/ das dazu vollkommen passende Körperbild (oft ein noch heute gültiges Sprichwort/ ein noch heute gültiges Motto, eine kleine Szene meinend) ergeben, wäre zu viel des Zufalls.

Eine Urverwandtschaft zwischen der Runen-Schrift und

diesen Schriften muss aus dem gleichen Grunde abgelehnt werden: Denn weshalb sollte man etwas (Körperpose/ Körperbild und Sprichwörter/ Sprüche u.a. durch diese) in diesen Schriften weggelassen haben, was in der Runen-Schrift schon voll entwickelt und unter den Runen wohlabgestimmt war?

Angeführt werden kann für beide Sachen (Eigenentwicklung und auch keine Urverwandtschaft) auch, dass sich aus den Körperhaltungen auch die eckige Form der Runen gegenüber der manchmal runden Form der Schriftzeichen der o.g. anderen Schriften von selbst ergibt: Die eckige Form der Runen ist gegeben/ bestimmt durch die Knickungsfähigkeit der Arme und Beine des Menschen, die eckigen Gelenke, von denen sie abgelesen wurde.

Es muss deshalb angenommen werden, dass die Runen-Schrift das Vorbild zur Entwicklung der o.g. anderen Schriften war, aus der die Entwickler dieser Schriften ihre Buchstabenformen unter leichter Veränderung entnommen haben, und dass somit die Runen-Schrift mindestens so alt ist, wie die älteste dieser Schriften, die phönizische oder Philister-Schrift.

Es ist sich hier also der Darstellung von O. Zeller in „Vom Ursprung der Buchstabenschrift und das Runenalphabet" anzuschließen, der dort sagt, dass die Runenschrift die Urschrift aller dieser Schriften sei, nur mit dem Unterschied, dass die Runen-Schrift oder deren Vorform von vornherein als lautgerechte Gebrauchsschrift zur See (Winkerschrift) entwickelt worden sein kann (siehe oben) und nicht fast ausschließlich kultischen Zwecken vorbehalten war und dass dann sicherlich die gegenständliche Form der Runen-Schrift (auf Holz und Goldplatten) ebenso verwendet wurde, für kultische Zwecke und als Gebrauchsschrift gleichermaßen. Denn weshalb sollte man, wenn man die Nützlichkeit als Gebrauchsschrift zur See einmal erkannt hatte, dies nicht bei der Verwendung der Schrift auf Gegenständen beibehalten haben? Und sicherlich wurden beide Schriftformen, die gegenständliche und die als Winkerschrift, dann auch parallel benutzt, so dass auch von daher von der Benutzung der Schrift als allgemeine Gebrauchsschrift gesprochen werden kann, denn die Winkerschrift dürfte sich kaum für kultische Zwecke geeignet haben, wenn sie auf See benutzt wurde.

Damit wäre auf eine Entwicklungszeit der Runen-Schrift von vor 1252 - 1175 v.d.Z. [3] bzw. von vor 1310 v.d.Z. [4] zu kommen, denn zu dieser Zeit fand nach J. Spanuth und O. Zeller die Große Wanderung (der Germanen) statt, vor der das Trägervolk der Ausbreitung der Schriftkenntnisse für die anderen Schriften, die Atlanter, die Urschrift entwickelt haben muss [5]. Die Darstellung des Sonnen-Gottes in (Abbildung 2), der mit seinen Armen die **sowila-Rune** formt, scheint diesen Zeitansatz auch zu bestätigen, weil man bei den drei im Buch „Atlantis" abgebildeten Personen auf einem Schwanenschiff, die die Arme s-förmig halten, eben genau wissen will, dass die Darstellung aus der Zeit der Großen Wanderung stammt (siehe oben) und weil alle anderen Runen der gemeingermanischen Runenreihe eben die gleiche Bildungsvorschrift wie bei dieser **sowila-Rune** aufweisen.

Greifswald, im Winter 2014   Karsten Marquardt

---

[3] J. Spanuth schreibt in „Die Atlanter" auf S. 26 sinngemäß, dass die Große Wanderung (der Germanen) vor 1252 - 1175 v.d.Z. stattgefunden habe.

[4] O. Zeller schreibt in „Vom Ursprung der Buchstabenschrift und das Runenalphabet" auf S. 133 sinngemäß, dass die Große Wanderung (der Germanen) vor 1310 v.d.Z. stattgefunden habe.

[5] O. Zeller schreibt in „Vom Ursprung der Buchstabenschrift und das Runenalphabet" auf den Seiten 125/ 132 sinngemäß, dass die Atlanter das Trägervolk der Ausbreitung der Schriftkenntnisse für die anderen Schriften seien und dass die Runenschrift die Urschrift dieser anderen Schriften sei.

Die Runenreihe

Zur gemeingermanischen Runenreihe werden folgende Hauptformen der Runen in ihrer Reihenfolge im Futhark gezählt [6]:

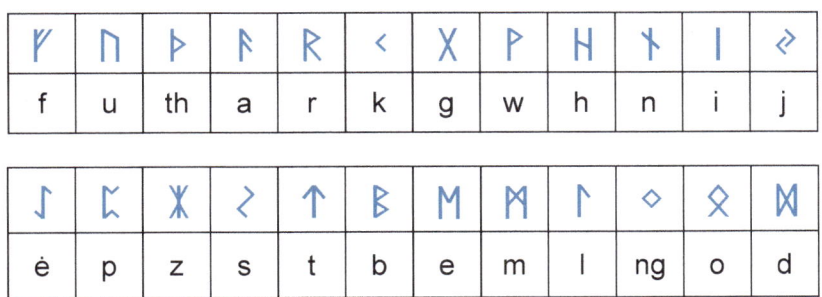

ᚠ	ᚢ	ᚦ	ᚨ	ᚱ	ᚲ	ᚷ	ᚹ	ᚺ	ᚾ	ᛁ	ᛃ
f	u	th	a	r	k	g	w	h	n	i	j

ᛇ	ᛈ	ᛉ	ᛊ	ᛏ	ᛒ	ᛖ	ᛗ	ᛚ	ᛜ	ᛟ	ᛞ
ė	p	z	s	t	b	e	m	l	ng	o	d

Neben diesen Hauptformen werden hier noch folgende Runen-(Neben-) Formen der gemeingermanischen Runenreihe einer Betrachtung bezüglich ihrer Form unterzogen:

Die Varianten der **u̲ru(z)-Rune**: ᚢ [7], der **h̲ag(a)la(z)-Rune**: ᚺ [8], der **j̲era(n)-Rune**: ᛝ [9], der **algiz-Rune**: ᛉ [10], ᛉ [11], der **s̲owila-Rune**: ᛋ [12], der **I̲ngwa(z)-Rune**: ᛪ [13] und der **d̲aga(z)-**

---

[6] E. Weber schreibt auf S. 16 in "Runenkunde" sinngemäß, dass die in der folgenden Tabelle genannten Runen zur gemeingermanischen Runenreihe gehören würden.

[7] W. Blachetta schreibt auf S. 87 in „Das Buch der deutschen Sinnzeichen" sinngemäß, dass diese Form der uru(z)-Rune zur gemeingermanischen Runenreihe gehöre.

[8] W. Blachetta schreibt auf S. 89 in „Das Buch der deutschen Sinnzeichen" sinngemäß, dass diese Form der hag(a)la(z)-Rune zur gemeingermanischen Runenreihe gehöre.

[9] W. Blachetta schreibt auf S. 90 in „Das Buch der deutschen Sinnzeichen" sinngemäß, dass diese Form der jera(n)-Rune zur gemeingermanischen Runenreihe gehöre.

[10] W. Blachetta schreibt auf S. 91 in „Das Buch der deutschen Sinnzeichen" sinngemäß, dass diese Form der algiz-Rune zur gemeingermanischen Runenreihe gehöre.

[11] H. Arntz schreibt auf S. 211 im „Handbuch der Runenkunde" sinngemäß, dass diese Form der algiz-Rune zur gemeingermanischen Runenreihe gehöre.

[12] H. Arntz schreibt auf S. 65 im „Handbuch der Runenkunde" sinngemäß, dass diese Form der sowila-Rune zur gemeingermanischen

Rune: ᛗ [14].

[13] W. Blachetta schreibt auf S. 93 in „Das Buch der deutschen Sinnzeichen" sinngemäß, dass diese Form der Ingwa(z)-Rune zur gemeingermanischen Runenreihe gehöre.

[14] W. Blachetta schreibt auf S. 94 in „Das Buch der deutschen Sinnzeichen" sinngemäß, dass diese Form der daga(z)-Rune zur gemeingermanischen Runenreihe gehöre.

e̱hu-Rune (ᛗ)

Dargestellt ist das Hand in Hand Gehen von Mann und Frau nebeneinander z.B. auf der Straße als typisches Ehe- und Partnerschaftskennzeichen, auch heute noch (Abbildung 5). Die Darstellung korrespondiert also mit der der Rune beigelegten Bedeutung *Ehe, Familie* (ehu = Ehe). Da beide Personen so auch auf einer Höhe gehen, ist damit natürlich auch die Gleichberechtigung von Mann und Frau in Ehe und Gesellschaft ausgedrückt. [15]

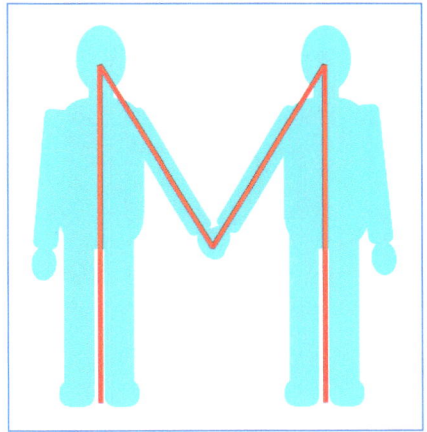

Abbildung 5: ehu-Rune

---

[15] W. Blachetta schreibt auf den Seiten 32/ 92 in „Das Buch der deutschen Sinnzeichen" sinngemäß, dass die ehu-Rune zur gemeingermanischen Runenreihe gehöre, den Lautwert e habe und für Ehe und Familie stehe.

laga-Rune (ᚹ)

Die Rune zeigt eine Person, die mit ihrem einen Arm nach unten vor sich auf den Boden weist, die also eine andere Person dazu auffordert, vor ihr niederzuknien, sich vor ihr zu beugen (Abbildung 6). Die Hand wird dabei gewöhnlich flach mit ausgestreckt und mit der Handinnenfläche nach unten gehalten. Dies soll natürlich auch hier angenommen werden.

Mit der der Rune beigelegten Bedeutung *gesetzmäßiges Leben* [16], also *Gesetz* (= germanisch (im Folgenden auch als germ. abgekürzt) *laga* [17]) / Gottesgesetz kann man diese Geste/ Pose also als Aufforderung, sich dem (Gottes-) Gesetz zu beugen, zu unterwerfen, dem (Gottes-) Gesetz zu gehorchen, auslegen und damit stimmt diese Darstellung mit der Bedeutung der Rune überein.

Bezogen auf den Jahreskreislauf der Natur, der in andere Runen auch eingearbeitet wurde, kann diese Geste dann etwa als Aufforderung des Sommers an den Winter, sich ihm zu unterwerfen, vor ihm zurückzutreten aufgefasst werden.

---

[16] W. Blachetta schreibt auf den Seiten 34/ 93 in „Das Buch der deutschen Sinnzeichen" sinngemäß, dass die lagu-Rune zur gemeingermanischen Runenreihe gehöre, den Lautwert l habe und u.a. für gesetzmäßiges Leben stehe.
[17] G. Köbler schreibt auf den Seiten 86/ 214 im „Germanisch-neuhochdeutsches und neuhochdeutsch-germanisches Wörterbuch" sinngemäß, dass germ. laga Gesetz? heiße.

Abbildung 6: Iaga-Rune

rada-Rune (ᚱ)

Die Rune hat die Bezeichnung germ. *rada = Rat* [18] und dargestellt ist eine Person, die den einen Arm nach vorn anwinkelt, und dabei die Schulter leicht nach vorn gedreht hat (die Hand wird dazu in der Hüfte abgestützt (Abbildung 7 + Abbildung 8) oder leicht von ihr abgehoben (Abbildung 9 + Abbildung 10)), und die das eine Bein ebenfalls nach vorn ausstreckt (und es dabei vom Fußboden abhebt (Abbildung 8 + Abbildung 10) oder mit der Fußspitze auf dem Fußboden absetzt (Abbildung 7 + Abbildung 9)).

In Richtung auf die Begriffsgeltungen der Rune *richten, urteilen, sichten, klären, raten* [19] kann dies als der Spruch: „Jemandem gegen das Schienbein treten", um das (Gottes-) Gesetz, das durch die **laga-Rune** repräsentiert wird, durchzusetzen, das ausgestreckte Bein, den Fuß betreffend, und als der sprichwörtliche Rippenstoß/ -knuff/ Antippen mit dem Ellenbogen gegen die Rippen eines anderen, um diesen darauf aufmerksam zu machen, dass gleich ein Rat, ein Hinweis o.ä. gegeben werden soll, den angewinkelten Arm, den Ellenbogen betreffend, ausgelegt werden und auch hier stimmt die Darstellung/ das Runenbild somit mit dem Sinninhalt/ der Begriffsgeltung der Rune überein.

Auf diese Weise kann z.B. auch die Form der auch vorkommenden *offenen* **rada-Rune** [20] als durch einen von der Stützstellung der Hand in der Hüfte abgehobenen, gerade knuffenden, antippenden angewinkelten Arm entstanden erklärt werden (Abbildung 9 + Abbildung 10), indem also aufgrund der Winkellage des Armes der Arm-Beistrich in den Bein-Beistrich übergeht, ohne den Hauptstab zu berühren, und der ebenfalls

---

[18] G. Köbler schreibt auf den Seiten 108/ 246 im „Germanisch-neuhochdeutsches und neuhochdeutsch-germanisches Wörterbuch" sinngemäß, dass germ. rada Rat heiße.
[19] W. Blachetta schreibt auf den Seiten 32/ 88 in „Das Buch der deutschen Sinnzeichen" sinngemäß, dass die rad-Rune zur gemeingermanischen Runenreihe gehöre, den Lautwert r habe und für richten, urteilen, sichten, klären und raten stehe.
[20] E. Weber schreibt auf S. 75 in "Runenkunde" sinngemäß, dass das runische r-Zeichen R überwiegend einen Kennstab habe, der den Hauptstab nur oben und nicht auch in der Mitte berühre und dass diese Art R-Rune deshalb auch als offenes runisches R bezeichnet werde.

vorkommende, nicht ganz bis zur Basislinie des Buchstabens reichende Bein-Beistrich als abgehobenes, gerade zutretendes Bein (Abbildung 8 + Abbildung 10).

Natürlich geht es auch mit **zwei** Personen (eine für den Arm und eine für das Bein) die hintereinander stehen, so dass nur ein Hauptstab durch beide Rümpfe entsteht, wobei die, die den angewinkelten Arm bildet, frontal zum Betrachter stehen muss und den angewinkelten Arm demzufolge nach der Seite bildet (wie bei der **thurisa(z)-Rune** (Abbildung 11)) (die üblichere Variante des Rippenstoßes) und die, die das Bein ausstreckt, seitlich zu ihm (also wie in Abbildung 7, Abbildung 8, Abbildung 9 und Abbildung 10).

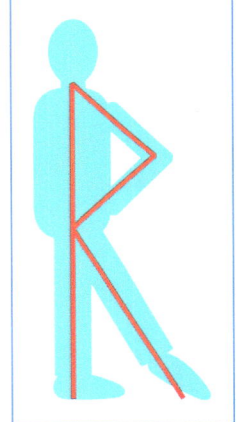

Abbildung 7: rada-Rune 1

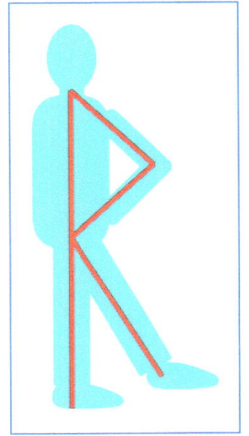

Abbildung 8: rada-Rune 2

7

Abbildung 9: rada-Rune 3

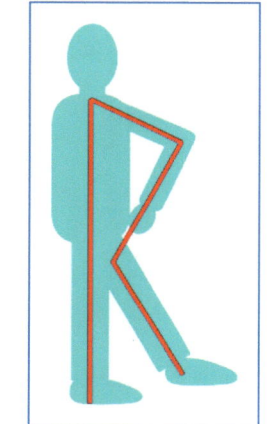

Abbildung 10: rada-Rune 4

8

thurisa(z)-Rune (þ) [21]

Diese Rune zeigt eine Person, die, genau so wie bei der **rada-Rune**, den einen Arm anwinkelt (Abbildung 11). Es ist hier aber nicht der ratende, hinweisende Ellenbogen gemeint, sondern der sog. „spitze Ellenbogen", um jemanden im übertragenen Sinne zu beeindrucken, beiseite zu schieben. Auch dies, etwas Negatives, passt so zum Namen und zur Begriffsgeltung der Rune germ. *thurisa(z) = Thurse, Riese* [22] [23], (*th-Rune Thurse = Riese* [24]), (*thurs-Rune* [25]), germ. *thurisaz = Riese, Dämon* [26], unholde Kraft/ Macht, auch etwas Negatives.

Meist wird der „spitze Ellenbogen" in Überzahl gegen eine Unterzahl benutzt, weil er sonst weniger Wirkung hätte bzw. wegen der zu erwartenden Gegenwirkung erst gar nicht eingesetzt, so dass diese Überzahl beim „spitzen Ellenbogen" als Entsprechung des Begriffes Riese (was auch eine Überlegenheit/ Überzahl an Kraft meint) gelten kann.

Der andere Name und die andere Begriffsgeltung der Rune (*thorn = Dorn* [27] = etwas Pieckendes), (germ. *thurna(z) = Dorn* [28])

---

[21] G. Köbler schreibt auf S. 271 im „Germanisch-neuhochdeutsches und neuhochdeutsch-germanisches Wörterbuch" sinngemäß, dass die th-Rune germ. thurisa(z)-Rune heiße, H. Klingenberg auf den Seiten 190/ 191 in „Runenschrift Schriftdenken Runeninschriften", dass die Þ-Rune germ. Þurisaz-Rune heiße und ebenso H. Arntz auf S. 189 im „Handbuch der Runenkunde".

[22] G. Köbler schreibt auf den Seiten 248/ 271 im „Germanisch-neuhochdeutsches und neuhochdeutsch-germanisches Wörterbuch" sinngemäß, dass germ. thur(i)sa(z) gleich Thurse, Riese heiße.

[23] H. Klingenberg schreibt auf den Seiten 190/ 191 in „Runenschrift Schriftdenken Runeninschriften" sinngemäß, dass germ. Þurisaz gleich Thurse, Riese heiße.

[24] E. Weber schreibt auf S. 59 in "Runenkunde" sinngemäß, dass die th-Rune für Thurse gleich Riese stehe.

[25] W. Blachetta schreibt auf den Seiten 22/ 87 in „Das Buch der deutschen Sinnzeichen" sinngemäß, dass die thurs-Rune den Lautwert th habe und zur gemeingermanischen Runenreihe gehöre.

[26] H. Arntz schreibt auf S. 189 im „Handbuch der Runenkunde" sinngemäß, dass germ. Þurisaz gleich Riese, Dämon heiße.

[27] E. Weber schreibt auf S. 61 in "Runenkunde" sinngemäß, dass thorn Dorn heiße und im altenglischen Runenliede an der Stelle von thurs (Riese) stehe.

passt natürlich auch zum pieckenden/ piesackenden „spitzen Ellenbogen".

Abbildung 11: thurisa(z)-Rune

---

[28] G. Köbler schreibt auf S. 197 im „Germanisch-neuhochdeutsches und neuhochdeutsch-germanisches Wörterbuch" sinngemäß, dass germ. thurna(z) Dorn heiße.

manna(z)-Rune (ᛗ) [29]

Diese Rune zeigt einen Faustkampf zwischen zwei Personen von der Seite, wobei beider Fäuste gleichzeitig auf den Kopf des Kontrahenten auftreffen (Abbildung 12). Entsprechend der Begriffsgeltung der Rune *Mensch, Menschheit* [30] (germ. *manna(z)* = *Mann* [31]) (germ. *mannaz* = *Mensch* [32]) (germ. *mannaz, Mannuz* = *Mensch, Mann* [33]) kann diese Darstellung also als das noch heute benutzte Sprichwort: „Mann sein, Mensch sein heißt Kampf" im Sinne von Durchsetzungsvermögen, Standhaftigkeit ausgelegt werden.

Die anderen beiden Arme der Personen muss man sich dabei als eng an den Oberkörper anliegend und dabei angewinkelt vorstellen, also als die übliche Haltung deckender Unterarme vor dem Oberkörper beim Faustkampf, so dass sie für das Runenbild nicht in Betracht kommen und als mit dem Hauptstab zusammenfallend angesehen werden können. Der Einfachheit halber wurden sie nicht mitgezeichnet.

Genau so, wie bei der **laga-Rune**, lässt sich auch hier ein Bezug zum Jahreskreislauf der Natur herstellen, indem man diesen Zweikampf als Kampf des Sommers gegen den Winter, z.B. weil sich der Winter dem Sommer nach dessen Aufforderung entsprechend der Darstellung bei der **laga-Rune** nicht beugen

---

[29] G. Köbler schreibt auf S. 236 im „Germanisch-neuhochdeutsches und neuhochdeutsch-germanisches Wörterbuch" sinngemäß, dass die m-Rune germ. manna(z)-Rune heiße, H. Klingenberg auf den Seiten 190/ 191 in „Runenschrift Schriftdenken Runeninschriften", dass die m-Rune germ. mannaz-Rune heiße und ebenso H. Arntz auf S. 221 im „Handbuch der Runenkunde".
[30] W. Blachetta schreibt auf den Seiten 36/ 92/ 93 in „Das Buch der deutschen Sinnzeichen" sinngemäß, dass die ältere man-Rune den Lautwert m habe, zur gemeingermanischen Runenreihe gehöre und für Mensch, Menschheit stehe.
[31] G. Köbler schreibt auf S. 236 im „Germanisch-neuhochdeutsches und neuhochdeutsch-germanisches Wörterbuch" sinngemäß, dass germ. manna(z) Mann heiße.
[32] H. Klingenberg schreibt auf den Seiten 190/ 191 in „Runenschrift Schriftdenken Runeninschriften" sinngemäß, dass germ. mannaz Mensch heiße.
[33] H. Arntz schreibt auf S. 221 im „Handbuch der Runenkunde" sinngemäß, dass germ. mannaz, Mannuz gleich Mensch, Mann heiße.

11

wollte, ansehen kann.

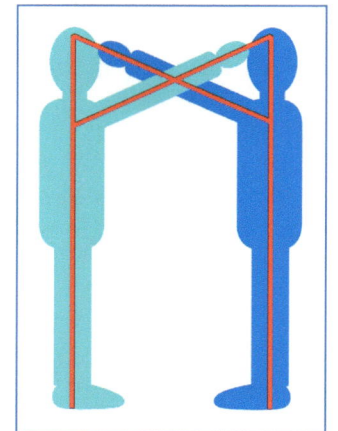

Abbildung 12: manna(z)-Rune

12

<u>h</u>ag(a)la(z)-Rune (ᚺ, ᚻ) [34]

Diese Rune ist ebenfalls, wie die **manna(z)-Rune**, eine Kampfdarstellung: Eine Zweikampfszene bei der Rune mit nur einem Beistrich (Abbildung 13) und eine Heerkampfszene bei der mit den beiden Beistrichen (Abbildung 14).

Die Rune mit dem einen Beistrich zeigt dabei einen Tiefschlag beim Faustkampf, was zum Namen: germ. *hag(a)la(z) = Hagel* [35] und zur Begriffsgeltung der Rune: *Hagel* (= Erntevernichter), *jähes Verderben, Fern- und Nahkampf* [36] passt, denn die Vernichtung der Ernte durch Hagel (auch der noch zu erntenden Produkte) ist für jeden Landwirt ein Tiefschlag im übertragenen Sinne. Zudem ist so die Begriffsgeltung Nahkampf mit abgedeckt.

Für die anderen drei dabei nicht dargestellten Arme gilt das Gleiche, wie bei der **manna(z)-Rune**: Sie sind als eng anliegende deckende Arme anzusehen und kommen so für das Runenbild nicht in Betracht. Auch hier wurden sie der Einfachheit halber nicht mitgezeichnet.

Auch hier lässt sich der Kampf, ebenso wie bei der **manna(z)-Rune**, als Kampf des Sommers gegen den Winter deuten, indem nämlich der Winter dem Sommer durch Hagel einen Tiefschlag verpasst.

Und eine Heerkampfszene muss die Rune mit den beiden

---

[34] G. Köbler schreibt auf S. 218 im „Germanisch-neuhochdeutsches und neuhochdeutsch-germanisches Wörterbuch" sinngemäß, dass die h-Rune germ. hag(a)la(z)-Rune heiße, H. Klingenberg auf den Seiten 190/ 191 in „Runenschrift Schriftdenken Runeninschriften", dass die h-Rune germ. haglaz-Rune heiße und H. Arntz auf S. 203 im „Handbuch der Runenkunde", dass die h-Rune germ. hag(a)laz-Rune heiße.
[35] G. Köbler schreibt auf den Seiten 57/ 218 im „Germanisch-neuhochdeutsches und neuhochdeutsch-germanisches Wörterbuch" sinngemäß, dass germ. hag(a)la(z) gleich Hagel heiße, H. Klingenberg auf den Seiten 190/ 191 in „Runenschrift Schriftdenken Runeninschriften", dass germ. haglaz gleich Hagel heiße und H. Arntz auf S. 203 im „Handbuch der Runenkunde", dass germ. hag(a)laz gleich Hagel heiße.
[36] E. Weber schreibt auf S. 60 in "Runenkunde" sinngemäß, dass die h-Rune für Hagel (jähes Verderben, Fern- und Nahkampf) stehe.

Beistrichen (Abbildung 14) deshalb sein, weil die nach einer Seite gerichteten beiden Beistriche (wegen der parallelen Linien und deshalb, weil auf der anderen Seite so tief kein Arm liegen kann, geht es nicht anders auszulegen) so nur durch die Arme (die man sich dann als Heereswaffen – Schwert, Speer - tragend vorstellen muss) zweier links hintereinander stehender und ungleich großer Personen gebildet werden können, die den Hauptstab, die Körperlängsachse gemeinsam haben. Und da die linke hintere Person sonst kein Gegenüber hätte, ist noch eine weitere Person hinter der rechten anzunehmen, die mit dieser dann den Hauptstab, die Körperlängsachse gemeinsam hat.

Und die Zweizahl der Kampfpaare bei der Rune mit den beiden Beistrichen kann dann natürlich für die Mehrzahl/ die Vielzahl der Kampfpaare stehen, so dass mit dieser Rune zwei ganze vordere Schlachtreihen zweier Heere gemeint sein können, die sich hier gegenüber stehen. Und da Heere nicht nur vordere Schlachtreihen haben, muss man sich dann natürlich noch weitere dahinter vorstellen. Und über den Heereskampf ist dann auch zum Begriff Fernkampf zu kommen, da dieser eben mehr zu einem Heereskampf als zu einem Einzelkampf gehört. Dieser Zusammenhang soll vielleicht mit der Rune aufgezeigt werden.

Die kleineren Personen vorn sind sich dabei als eigentlich hinter den größeren stehend vorzustellen. Sie sind nur deshalb kleiner, weil sie dem Betrachter als weiter hinten stehende Personen kleiner erscheinen und nicht, weil sie wirklich kleiner sind. Es ist also eine Tiefenperspektive in die Rune eingebaut worden. Nur wegen der besseren Sichtbarkeit wurden die kleineren Personen nach vorn gezeichnet.

Die übrigen, nicht dargestellten, Arme der Personen bei dieser Heerkampfszene muss man sich natürlich auch als eng angewinkelt, bzw. anliegend (so dass sie für das Runenbild nicht in Betracht kommen) und dabei Schilde als Deckung vor dem Körper haltend vorstellen. Der Einfachheit halber wurde auch dies nicht mitgezeichnet.

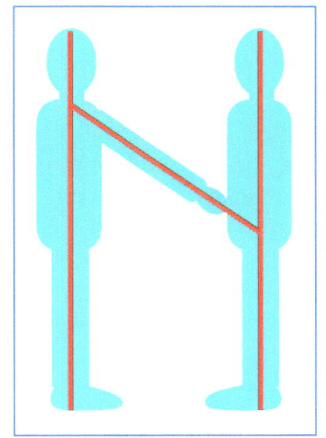

Abbildung 13: hag(a)la(z)-Rune 1

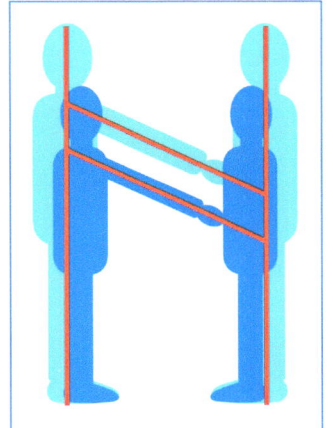

Abbildung 14: hag(a)la(z)-Rune 2

daga(z)-Rune (ᛗ, ᛝ) [37]

Da die Rune für *Folge, Fortsetzung, Fortentwicklung* [38] steht, kann nur das gegenseitige Einhaken von zwei Personen durch sie dargestellt sein (Abbildung 15 + Abbildung 16), da dies die einzige Möglichkeit ist, mittels zweier Personen die Runenform/ das Runenbild mit ihrer Begriffsgeltung in Einklang zu bringen. Z. B. sieht man das Einhaken der Mutter bei der Tochter noch heute auf den Straßen, wobei die Begriffsgeltung der Rune durch die so miteinander verbundenen aufeinanderfolgenden Generationen einer Familie dargestellt ist.

Bezogen auf den Runen-Namen germ. *daga(z) = Tag* [39] kann diese Darstellung dann als unendliche Generationenfolge, also alle Tage betreffend, ausgelegt werden, womit die Bedeutung der ebenfalls dargestellten *liegenden Acht* und des *Stundenglases*, beides steht für *Unendlichkeit* bzw. *ewige Wiederholung* [40], ebenfalls abgedeckt ist.

---

[37] G. Köbler schreibt auf S. 195 im „Germanisch-neuhochdeutsches und neuhochdeutsch-germanisches Wörterbuch" sinngemäß, dass die d-Rune germ. daga(z)-Rune heiße, H. Klingenberg auf den Seiten 190/ 191 in „Runenschrift Schriftdenken Runeninschriften", dass die d-Rune germ. dagaz-Rune heiße und ebenso H. Arntz auf S. 229 im „Handbuch der Runenkunde".

[38] W. Blachetta schreibt auf den Seiten 36/ 94 in „Das Buch der deutschen Sinnzeichen" sinngemäß, dass die dag-Rune den Lautwert d habe, zur gemeingermanischen Runenreihe gehöre und für Folge, Fortsetzung, Fortentwicklung stehe.

[39] G. Köbler schreibt auf S. 270 im „Germanisch-neuhochdeutsches und neuhochdeutsch-germanisches Wörterbuch" sinngemäß, dass germ. daga(z) Tag heiße, H. Klingenberg auf den Seiten 190/ 191 in „Runenschrift Schriftdenken Runeninschriften", dass germ. dagaz Tag heiße und ebenso H. Arntz auf S. 229 im „Handbuch der Runenkunde".

[40] W. Blachetta schreibt auf den Seiten 35/ 36 in „Das Buch der deutschen Sinnzeichen" sinngemäß, dass die liegende Acht, die nur eine andere Form der dag-Rune und des Stundenglases sei, und das Stundenglas für Unendlichkeit und ewige Wiederholung stünden.

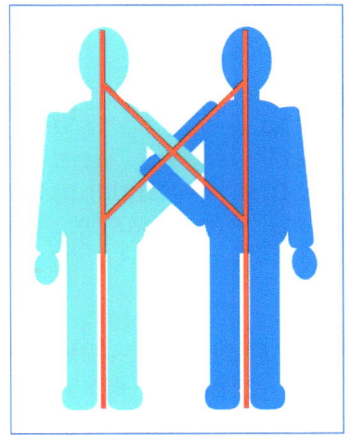

Abbildung 15: daga(z)-Rune 1

Abbildung 16: daga(z)-Rune 2

u̲ru(z)-Rune (ᚾ, ᚢ) [41]

Bei der **uru(z)-Rune** (germ. *uru(z) = Auerochse, Ur* [42]) (germ. *uruz = Auerochs* [43]), die für den *Urstand, den Urgrund aller Dinge* [44] steht, stützen sich zwei Personen, indem die eine ihren Arm um die Hüfte (oder etwas darüber) der anderen legt (Abbildung 17). Zur besseren Sichtbarkeit des Armes wurde die Ansicht von hinten gewählt.

Dargestellt ist also damit der feste, festere Stand, wobei das Gewicht und damit die Standfestigkeit des Urstiers als Gleichnis dafür angesehen werden kann, um ein Wackeln, ein Umkippen durch einen Verbund zu verhindern und im übertragenen Sinne der Spruch: „Zu zweit geht sich's leichter durchs Leben". Natürlich entsteht das Runenbild ebenfalls und hier nur bei ungleicher Größe beider Personen, wenn eine Person ihren Arm um die Schulter der anderen legt, oder wenn dies beide zugleich tun.

Damit steht die Rune sicherlich auch für Ehe, Partnerschaft und Familie, denn dies sieht man auch häufig bei Paaren auf der Straße. Aber nicht nur dafür allein, denn der in der Parteiung benutzte Begriff des Schulterschlusses ist ebenfalls dargestellt.

Passen würde es aber auch, als Runennamen *úr* mit der Übersetzung *Schlacke* [45] (wohl im Sinne von Urzustand) zu

---

[41] G. Köbler schreibt auf den Seiten 163/ 273 im „Germanisch-neuhochdeutsches und neuhochdeutsch-germanisches Wörterbuch" sinngemäß, dass die u-Rune germ. uru(z)-Rune heiße, H. Klingenberg auf den Seiten 190/ 191 in „Runenschrift Schriftdenken Runeninschriften", dass die u-Rune germ. uruz-Rune heiße und ebenso H. Arntz auf S. 188 im „Handbuch der Runenkunde".

[42] G. Köbler schreibt auf S. 163 im „Germanisch-neuhochdeutsches und neuhochdeutsch-germanisches Wörterbuch" sinngemäß, dass germ. uru(z) gleich Auerochse, Ur heiße und H. Klingenberg auf den Seiten 190/ 191 in „Runenschrift Schriftdenken Runeninschriften", dass germ. uruz gleich Auerochs, Ur heiße.

[43] H. Arntz schreibt auf S. 188 im „Handbuch der Runenkunde" sinngemäß, dass germ. uruz gleich Auerochs heiße.

[44] W. Blachetta schreibt auf den Seiten 24/ 87 in „Das Buch der deutschen Sinnzeichen" sinngemäß, dass die ur-Rune den Lautwert u habe, zur gemeingermanischen Runenreihe gehöre und für den Urstand, den Urgrund aller Dinge stehe.

[45] E. Weber schreibt auf S. 63 in "Runenkunde" sinngemäß, dass úr

nehmen und dabei die Bedeutung „fester Stand" entsprechend der Personendarstellung (Abbildung 17) mit einzubeziehen: Im Sinne von Urstand, Urgrund, Urzustand können Familie und Parteiung dann dahingehend ausgelegt werden, dass beides für die Existenz und den Fortbestand einer gesellschaftlichen Gruppe, einer Gesellschaft eine der notwendigen Grundlagen/ Urvoraussetzungen bildet. Es kann dann sicherlich auch der Spruch: „Die Familie ist die Keimzelle der Gesellschaft" (also die Keimzelle als etwas Ursprüngliches) herausgearbeitet werden.

Und die zweite Form der **uru(z)-Rune** kann durch ein Grätschen der Beine *einer* Person als Körperpose dargestellt werden (Abbildung 18), wodurch auch ein festerer Stand erreicht werden kann.

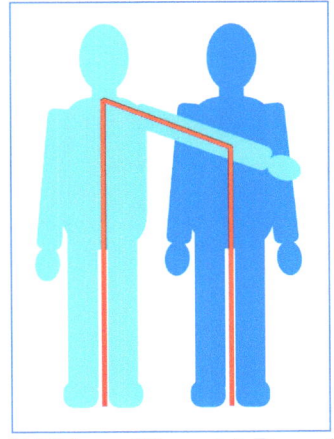

Abbildung 17: uru(z)-Rune 1

Schlacke heiße und dass dies im norw. Runenlied stehe und H. Arntz auf S. 188 im „Handbuch der Runenkunde", dass im norw. Runenlied für uruz die Bedeutung Schlacke gesetzt sei.

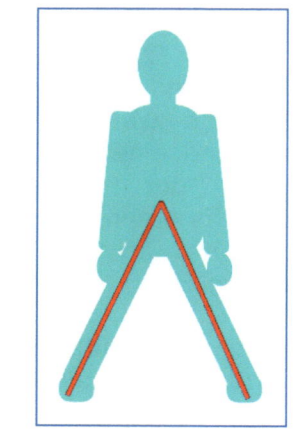

Abbildung 18: uru(z)-Rune 2

wunjo-Rune (ᚹ) [46]

Die **wunjo-Rune**, dessen Sinninhalt *Wonne* (= germ. *wunjo* [47]), *Freude* (= germ. *wunjo* [48]), *Weide* (= germ. *wenjo* [49]), *Weideland* (= germ. *winjo* [50]) und *gesicherte Nahrung* [51] ist, zeigt als Körperdarstellung eine Person von vorn, die den einen Arm in Richtung Kopf angewinkelt hat (Abbildung 19). Bezogen auf den Sinninhalt der Rune kann man dies als eine Person deuten, die die Hand am Mund hat, also die im Stehen isst oder trinkt. Deshalb kann dies als die Wonne/ Freude des Essens und Trinkens ausgelegt werden und die Körperpose korrespondiert somit mit der Begriffsgeltung der Rune. Der Begriff Weide muss dann als eine Erweiterung der Darstellung in Richtung Tiere, gesicherte Nahrung für Tiere, angesehen werden.

Möglich ist es aber auch, wenn mit Weide Augenweide gemeint ist, sich die Hand des angewinkelten Armes als flach über den Augen liegend vorzustellen (so entsteht das Runenbild ebenfalls), um die Augen vor der Sonne zu schirmen, und diese Pose deshalb als Weide für die Augen/ Augenschmaus anzusehen, weil so auf die Augen hingewiesen ist.

Um einen besonderen Hingucker zu kennzeichnen, formt man

---

[46] G. Köbler schreibt auf S. 279 im „Germanisch-neuhochdeutsches und neuhochdeutsch-germanisches Wörterbuch" sinngemäß, dass die w-Rune germ. wunjo-Rune heiße und ebenso H. Klingenberg auf den Seiten 190/ 191 in „Runenschrift Schriftdenken Runeninschriften" und H. Arntz auf S. 202 im „Handbuch der Runenkunde".

[47] G. Köbler schreibt auf S. 286 im „Germanisch-neuhochdeutsches und neuhochdeutsch-germanisches Wörterbuch" sinngemäß, dass germ. wunjo Wonne heiße und ebenso H. Klingenberg auf den Seiten 190/ 191 in „Runenschrift Schriftdenken Runeninschriften".

[48] H. Arntz schreibt auf S. 202 im „Handbuch der Runenkunde" sinngemäß, dass germ. wunjo Freude heiße und dass dieser Begriff der w-Rune zuzuordnen sei.

[49] G. Köbler schreibt auf S. 283 im „Germanisch-neuhochdeutsches und neuhochdeutsch-germanisches Wörterbuch" sinngemäß, dass germ. wenjo Weide heiße.

[50] H. Arntz schreibt auf S. 202 im „Handbuch der Runenkunde" sinngemäß, dass germ. winjo Weideland heiße und dass dieser Begriff der w-Rune zuzuordnen sei.

[51] E. Weber schreibt auf S. 60 in "Runenkunde" sinngemäß, dass die w-Rune für Wonne oder Weide (gesicherte Nahrung) stehe.

aber auch Daumen und Zeigefinger einer Hand zu einem Ring, hält diesen nahe an ein Auge, schaut so hindurch und dreht dabei den Ring etwas hin und her (also die Hand), so als wolle man ein Objektiv scharf stellen, was natürlich auch die Armhaltung der **wunjo-Rune** ergibt und in Richtung Augenweide gedeutet werden kann.

Möglicherweise meint dies beides der Sinninhalt der Rune ebenfalls.

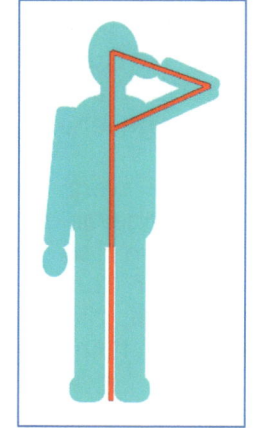

Abbildung 19: wunjo-Rune

gebo-Rune (X) [52]

Auf der (Abbildung 20) sind zwei stehende Personen dargestellt, die von oben betrachtet werden. Es ist dabei gemeint, dass die eine Person gerade z.B. Kleingeld aus ihren beiden Händen in die darunter aufgehaltenen und zu einer Schale geformten beiden Hände der zweiten Person schüttet. Zieht man dann über die so entstehende Haltung der gegenüberliegenden Unterarme beider Personen durchgehende Geraden, so entsteht das Bild der **gebo-Rune**.

Auf diese Weise sind natürlich der Name der Rune: germ. *gebo* = *Gabe* [53] und ihre Begriffsgeltung: (*g-Rune* = *Gabe* [54]) und *Mehrung* [55] konform mit der Darstellung, denn es ist eine Person gezeigt, die einer anderen etwas gibt. Es dürfte so der Spruch dargestellt sein: „Mit beiden Händen geben (also aus dem Vollen) und mit beiden Händen nehmen (also auch aus dem Vollen)."

---

[52] G. Köbler schreibt auf S. 210 im „Germanisch-neuhochdeutsches und neuhochdeutsch-germanisches Wörterbuch" sinngemäß, dass die g-Rune germ. gebo-Rune heiße und ebenso H. Klingenberg auf den Seiten 190/ 191 in „Runenschrift Schriftdenken Runeninschriften" und H. Arntz auf S. 201 im „Handbuch der Runenkunde".

[53] G. Köbler schreibt auf S. 210 im „Germanisch-neuhochdeutsches und neuhochdeutsch-germanisches Wörterbuch" sinngemäß, dass germ. gebo Gabe heiße und ebenso H. Klingenberg auf den Seiten 190/ 191 in „Runenschrift Schriftdenken Runeninschriften" und H. Arntz auf S. 201 im „Handbuch der Runenkunde".

[54] E. Weber schreibt auf S. 60 in "Runenkunde" sinngemäß, dass die g-Rune für Gabe stehe.

[55] W. Blachetta schreibt auf den Seiten 45/ 88/ 89 in „Das Buch der deutschen Sinnzeichen" sinngemäß, dass die gifu-Rune den Lautwert g habe, zur gemeingermanischen Runenreihe gehöre und u.a. für Mehrung stehe.

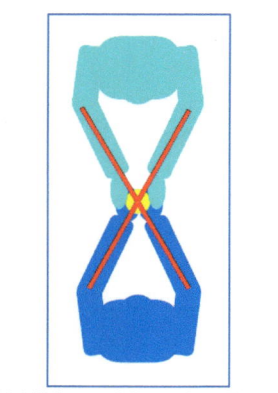

Abbildung 20: gebo-Rune

algiz-Rune (ᛉ, ᛉ, ᛉ) [56]

Bezogen auf den Runennamen (germ. *algiz = Elch* [57]) (germ. *algiz, alhiz = Elch, Abwehr* [58]) und den Sinninhalt: *Abwehr* [59], *Elch, Abwehrkraft gegen Feinde* [60] zeigt die Rune eine Person, die beide Arme seitlich nach oben ausstreckt (Abbildung 21 + Abbildung 22) und dazu die Beine grätscht, um sich breiter zu machen (Abbildung 22), um eine Abwehr darzustellen. Es ist also eine nach vorn gerichtete bekannte und noch heute benutzte Abwehrgeste (wobei die Handinnenflächen nach vorn gewendet werden) und die gegrätschten Beine, die aber auch allein diese Abwehrgeste im Sinne eines Sperrens repräsentieren (Abbildung 23, die dritte Form der Rune), sollen die Gebärde noch verstärken.

Auch hier korrespondiert die Körperdarstellung somit mit dem Runen-Namen und der Begriffsgeltung/ dem Sinninhalt der Rune.

---

[56] G. Köbler schreibt auf S. 287 im „Germanisch-neuhochdeutsches und neuhochdeutsch-germanisches Wörterbuch" sinngemäß, dass die z-Rune germ. algiz-Rune heiße und ebenso H. Klingenberg auf den Seiten 190/ 191 in „Runenschrift Schriftdenken Runeninschriften" und H. Arntz auf S. 210 im „Handbuch der Runenkunde".

[57] G. Köbler schreibt auf S. 200 im „Germanisch-neuhochdeutsches und neuhochdeutsch-germanisches Wörterbuch" sinngemäß, dass germ. algiz Elch heiße und ebenso H. Klingenberg auf den Seiten 190/ 191 in „Runenschrift Schriftdenken Runeninschriften".

[58] H. Arntz schreibt auf S. 210 im „Handbuch der Runenkunde" sinngemäß, dass germ. algiz, alhiz gleich Elch, Abwehr heiße.

[59] H. Klingenberg schreibt auf den Seiten 190/ 191 in „Runenschrift Schriftdenken Runeninschriften" sinngemäß, dass der Sinninhalt der z-Rune Abwehr? sei.

[60] E. Weber schreibt auf S. 60 in "Runenkunde" sinngemäß, dass der Sinninhalt der ż-Rune Elch, Abwehrkraft gegen Feinde sei.

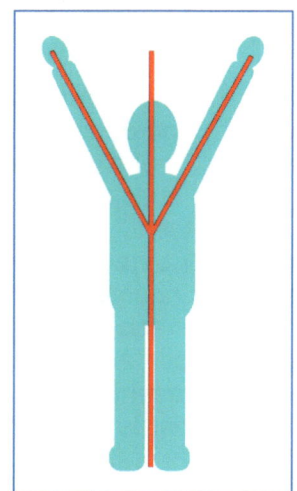

Abbildung 21: algiz-Rune 1

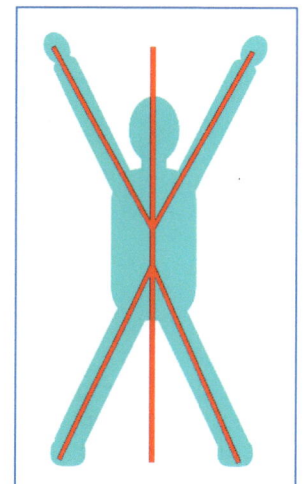

Abbildung 22: algiz-Rune 2

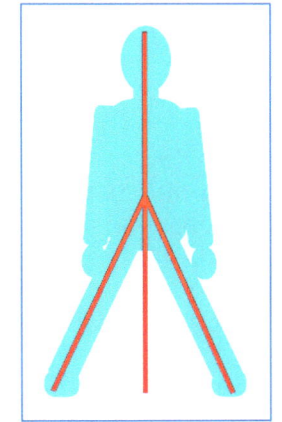
Abbildung 23: algiz-Rune 3

27

othala(n)-Rune (ᛟ) [61]

Die **othala(n)-Rune** (germ. *othala(n), othela, othila(n)* = *Erbgut* [62]) (germ. *oþalan, opilan = ererbter Besitz* [63]) (germ. *oþala = festes Eigentum, ererbter Besitz* [64]) zeigt eine Person, die breitbeinig dasteht und die Arme/ Hände in die Hüften gestemmt/ gestützt hat, also eine Person in typischer Chef-Pose (Abbildung 24), die noch heute so benutzt und bezeichnet wird. Diese Haltung drückt aber auch Besitzerstolz aus. Und natürlich ist auch eine Schlinge dargestellt, das Zeichen für Geburt.

Beides passt zu (/ also auch die Körperpose korrespondiert so mit) den der Rune beigegebenen Begriffsgeltungen: *Erbgut, Heimat* [65], *Erbe, Schicksal, Geschick, Vererbung, Veranlagung, Geburt* [66], denn sowohl das materielle Erbgut (der ererbte Besitz), als auch das körperlich geistige (über die Geburt) bestimmen den Lebensweg, das Schicksal der Personen.

---

[61] G. Köbler schreibt auf S. 242 im „Germanisch-neuhochdeutsches und neuhochdeutsch-germanisches Wörterbuch" sinngemäß, dass die o-Rune germ. othala(n)-Rune heiße, H. Klingenberg auf den Seiten 190/ 191 in „Runenschrift Schriftdenken Runeninschriften", dass die o-Rune oþalan-Rune heiße und H. Arntz auf S. 229 im „Handbuch der Runenkunde", dass die o-Rune oþala-Rune heiße.

[62] G. Köbler schreibt auf S. 201 im „Germanisch-neuhochdeutsches und neuhochdeutsch-germanisches Wörterbuch" sinngemäß, dass germ. othala(n), othela, othila(n) gleich Erbgut heiße.

[63] H. Klingenberg schreibt auf den Seiten 190/ 191 in „Runenschrift Schriftdenken Runeninschriften" sinngemäß, dass germ. oþalan, opilan gleich ererbter Besitz heiße.

[64] H. Arntz schreibt auf S. 229 im „Handbuch der Runenkunde" sinngemäß, dass germ. oþala gleich festes Eigentum, ererbter Besitz heiße.

[65] E. Weber schreibt auf S. 60 in "Runenkunde" sinngemäß, dass die o-Rune für Erbgut, Heimat stehe.

[66] W. Blachetta schreibt auf den Seiten 38/ 94 in „Das Buch der deutschen Sinnzeichen" sinngemäß, dass die odal-Rune den Lautwert o habe, zur gemeingermanischen Runenreihe gehöre und für Erbe, Schicksal, Geschick, Vererbung, Veranlagung und Geburt stehe.

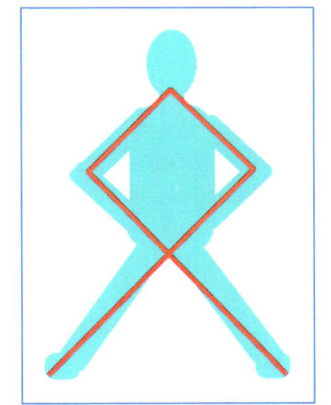

Abbildung 24: othala(n)-Rune

Ingwa(z)-Rune (ᛝ, ◇) [67]

Diese Darstellung ist selbsterklärend und braucht daher nicht näher erläutert zu werden. Nur soviel: Beide Personen (Mann und Frau) sind sich natürlich als übereinander liegend und zueinander gewandt vorzustellen (Abbildung 25 + Abbildung 26). So kann eben auch das Runenbild in Richtung *Fruchtbarkeit* [68], *Vereinigung, Verbindung, Durchdringung, Verschmelzung, Zeugungsvereinigung* [69], den Begriffsgeltungen der Rune (germ. *Ingwa(z) = ein Gott* [70]) (*Ing* meint den Stammesverband der *Ingväonen* und ihren *Hauptgott Frey* [71]), gedeutet werden und nicht nur durch *zwei ineinander geschobene Sparren* [72].

Und die andere Form der Rune, die für den *lebenspendenden Schoß des Weibes* [73] steht, kann natürlich auch aus dieser Darstellung herausgelesen werden (Abbildung 26) oder aus der Darstellung der einen Form der **jera(n)-Rune** (Abbildung 38), aber

---

[67] G. Köbler schreibt auf den Seiten 74/ 240 im „Germanisch-neuhochdeutsches und neuhochdeutsch-germanisches Wörterbuch" sinngemäß, dass die ng-Rune germ. Ingwa(z)-Rune heiße und H. Klingenberg auf den Seiten 190/ 191 in „Runenschrift Schriftdenken Runeninschriften", dass die ng-Rune germ. Ingwaz-Rune heiße.

[68] E. Weber schreibt auf S. 60 in "Runenkunde" sinngemäß, dass die ng-Rune für Fruchtbarkeit stehe.

[69] W. Blachetta schreibt auf den Seiten 29/ 93 in „Das Buch der deutschen Sinnzeichen" sinngemäß, dass die ing-Rune den Lautwert ng habe, zur gemeingermanischen Runenreihe gehöre und für Vereinigung, Verbindung, Durchdringung, Verschmelzung, Zeugungsvereinigung stehe.

[70] G. Köbler schreibt auf S. 74 im „Germanisch-neuhochdeutsches und neuhochdeutsch-germanisches Wörterbuch" sinngemäß, dass germ. Ingwa(z) gleich ein Gott heiße und H. Klingenberg auf den Seiten 190/ 191 in „Runenschrift Schriftdenken Runeninschriften", dass germ. Ingwaz gleich Gott heiße.

[71] J. Rieger schreibt im Vorwort in "Runenkunde" von E. Weber sinngemäß, dass Ing der Hauptgott der Ingväonen sei und er üblicherweise mit Frey gleichgesetzt werde.

[72] W. Blachetta schreibt auf S. 29 in „Das Buch der deutschen Sinnzeichen" sinngemäß, dass das Bild der ing-Rune nach Abbildung 25 zwei ineinander geschobene Sparren abgäbe.

[73] W. Blachetta schreibt auf S. 94 in „Das Buch der deutschen Sinnzeichen" sinngemäß, dass die andere Form der ing-Rune nach Abbildung 26 für den lebenspendenden Schoß des Weibes stehe.

30

ohne den Hauptstab mitzuzeichnen, also bei einer stehenden Person. Es ist dann aber nur der bekannte Gegenstand dargestellt.

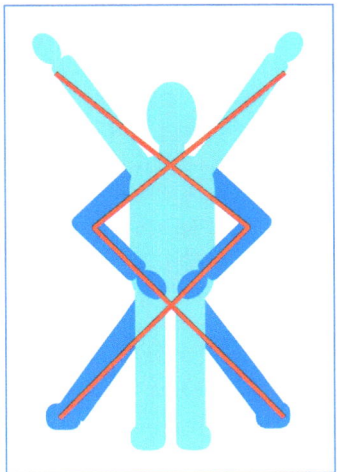

Abbildung 25: Ingwa(z)-Rune 1

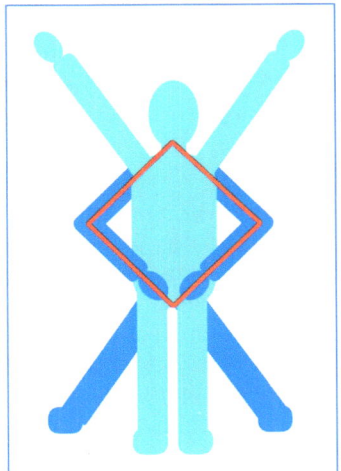

Abbildung 26: Ingwa(z)-Rune 2

31

<u>f</u>ehu-Rune (k) [74]

Wenn man sich fragt, was die Beistriche als Armhaltungen in Richtung der Begriffsgeltungen der Rune *Vieh* (= germ. *fehu* [75]), *Habe, Besitz, Hausgetier* [76], *Fülle, Reichtum, Besitz, Habe und Viehreichtum* [77], *Viehbesitz, Besitz, Reichtum, Glück* [78] bedeuten können, so kann eigentlich nur das Halten von z.B. Pferden am Zaum oder Rindern (also größeren Tieren, so dass die Arme nach oben gerichtet sind) gemeint sein (Abbildung 27).

Denn jemand der Tiere am Zaum hält und auch derjenige, der **sich** Tiere hält, also Tiere besitzt, ist ein Tierhalter. Auf diese Doppeldeutigkeit des Begriffes Tierhalter könnte der Runenentwerfer aus gewesen sein und wollte dann so vom Begriff Tierhalter (als jemand der z.B. ein Pferd am Zaum hält) auf den Begriff Tierbesitzer leiten/ weisen. Jedenfalls ergibt das auf den menschlichen Körper projizierte Runenbild auf diese Weise etwas in Richtung Vieh, Hausgetier und damit auch (bewegliche) Habe, (beweglicher) Besitz.

Gezeigt ist auch, dass es sich hier, wie bei der zweiten **hag(a)la(z)-Rune** (Abbildung 14), wegen der Parallelität der Arme nicht um eine Person handeln kann, sondern um zwei hintereinander stehende Personen, die den Runen-Hauptstab, die

---

[74] G. Köbler schreibt auf S. 204 im „Germanisch-neuhochdeutsches und neuhochdeutsch-germanisches Wörterbuch" sinngemäß, dass die f-Rune germ. fehu-Rune heiße und ebenso H. Klingenberg auf den Seiten 190/ 191 in „Runenschrift Schriftdenken Runeninschriften" und H. Arntz auf S. 188 im „Handbuch der Runenkunde".

[75] G. Köbler schreibt auf S. 279 im „Germanisch-neuhochdeutsches und neuhochdeutsch-germanisches Wörterbuch" sinngemäß, dass germ. fehu Vieh heiße und ebenso H. Klingenberg auf den Seiten 190/ 191 in „Runenschrift Schriftdenken Runeninschriften" und H. Arntz auf S. 188 im „Handbuch der Runenkunde".

[76] E. Weber schreibt auf S. 59 in "Runenkunde" sinngemäß, dass die f-Rune für Vieh, Habe, Besitz, Hausgetier stehe.

[77] W. Blachetta schreibt auf den Seiten 34/ 87 in „Das Buch der deutschen Sinnzeichen" sinngemäß, dass die feh-Rune den Lautwert f habe, zur gemeingermanischen Runenreihe gehöre und u.a. für Fülle, Reichtum, Besitz, Habe und Viehreichtum stehe.

[78] H. Arntz schreibt auf S. 188 im „Handbuch der Runenkunde" sinngemäß, dass die f-Rune für Viehbesitz, Besitz, Reichtum, Glück stehe.

Körperlängsachse, gemeinsam haben. Somit ist auch hier über die Zweizahl auf die Mehrzahl/ Vielzahl, und hier des Tierbesitzes, zu kommen und damit auf die Begriffe Fülle und Reichtum in dieser Richtung und damit auch allgemein.

Auch hier wurde, wie bei der zweiten Form der **hag(a)la(z)-Rune**, die hintere Person (und auch das hintere Tier), die der Betrachter wegen der auch hier eingebauten Tiefenperspektive kleiner sieht, zwecks besserer Sichtbarkeit nach vorn gezeichnet.

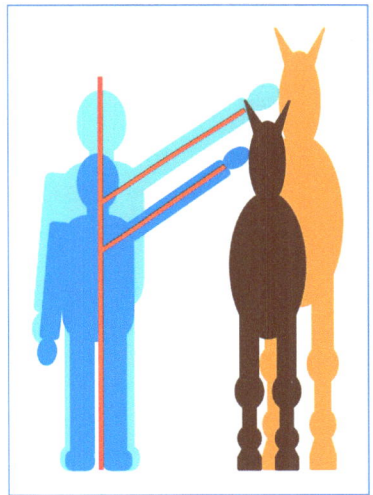

Abbildung 27: fehu-Rune

ansu(z)-Rune (ᚨ) [79]

Bei der **ansu(z)-Rune**, (germ. *ansu(z) = Gott, Ase* [80]) (germ. *ansuz = Anse, Ase* [81]) (germ. *ansuz = der Ase* [82]) kommt vom germanischen Göttergeschlecht der *Asen* [83], deren Begriffsgeltung u.a. *fruchttragendes Gedeihen von Menschen, Vieh und Feld* [84] ist, zeigen die beiden Beistriche, die beiden Arme, nach unten auf den Boden und dies kann eigentlich in Richtung der Begriffsgeltung nur meinen, dass etwas in den Händen gehalten wird, das mit der Fruchtbarkeit des Bodens, des Feldes zu tun hat, dass also etwa Pflüge, Sensen (auch zur Gras-/ Heumahd für die Tiere) o. ä. damit geführt werden, um das Feld zu bestellen und um zu ernten (Abbildung 28 + Abbildung 29).

Und beides, die Fruchtbarkeit des Feldes und der Tiere, wirkt in Richtung Gedeihen dann wieder für den Menschen, was vielleicht gemeint ist, wenn er hier mit genannt ist.

Auch hier muss es sich um zwei Personen handeln, die auf die gleiche Weise tätig sind und die die Körperlängsachse, den Runenhaupt-Stab, gemeinsam haben, da auch hier, wie bei der zweiten **hag(a)la(z)-Rune** und der **fehu-Rune**, beide Arme parallel liegen, die daher nicht zu einer Person gehören können.

---

[79] G. Köbler schreibt auf S. 8 im „Germanisch-neuhochdeutsches und neuhochdeutsch-germanisches Wörterbuch" sinngemäß, dass die a-Rune germ. ansu(z)-Rune heiße, H. Klingenberg auf den Seiten 190/ 191 in „Runenschrift Schriftdenken Runeninschriften", dass die a-Rune germ. ansuz-Rune heiße und ebenso H. Arntz auf S. 190 im „Handbuch der Runenkunde".

[80] G. Köbler schreibt auf den Seiten 8/ 184 im „Germanisch-neuhochdeutsches und neuhochdeutsch-germanisches Wörterbuch" sinngemäß, dass germ. ansu(z) gleich Gott, Ase heiße.

[81] H. Klingenberg schreibt auf den Seiten 190/ 191 in „Runenschrift Schriftdenken Runeninschriften" sinngemäß, dass germ. ansuz gleich Anse, Ase heiße.

[82] H. Arntz schreibt auf S. 190 im „Handbuch der Runenkunde" sinngemäß, dass germ. ansuz gleich der Ase heiße.

[83] E. Weber schreibt auf S. 59 in "Runenkunde" sinngemäß, dass die a-Rune für Ase stehe.

[84] W. Blachetta schreibt auf den Seiten 34/ 87/ 88 in „Das Buch der deutschen Sinnzeichen" sinngemäß, dass die as-Rune den Lautwert a habe, zur gemeingermanischen Runenreihe gehöre und u.a. für fruchttragendes Gedeihen von Menschen, Vieh und Feld stehe.

Und auch hier ist wegen dem tieferliegenden Arm, der nur zur hinteren, kleineren Person gehören kann, eine Tiefenperspektive anzunehmen, was dann ebenso meint, dass der Betrachter die hintere Person (sie wurde auch hier zwecks besserer Sichtbarkeit nach vorn gezeichnet) kleiner sieht, weil sie von ihm weiter weg steht. Und natürlich muss man sich beim Halten/ Führen der Geräte (Pflug, Sense) zwei gerätführende ausgestreckte Arme zu jeder Person denken, die deckungsgleich hintereinander liegen, so dass nur ein Beistrich für beide entsteht.

Und wiederum ist auch hier über die Zweizahl der Personen auf deren Mehrzahl/ Vielzahl zu schließen und damit auf die Vielzahl der geernteten Güter und deren Reichtum in Richtung Gedeihen.

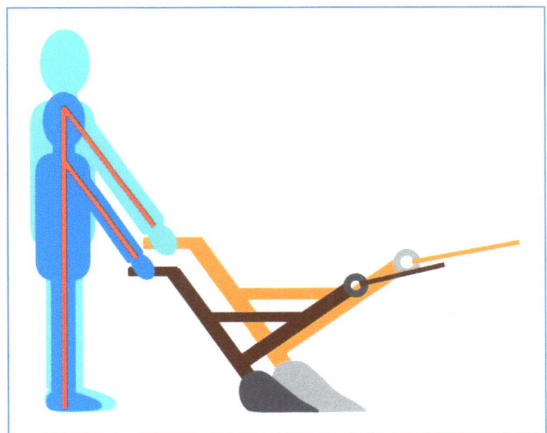

Abbildung 28: ansu(z)-Rune 1

35

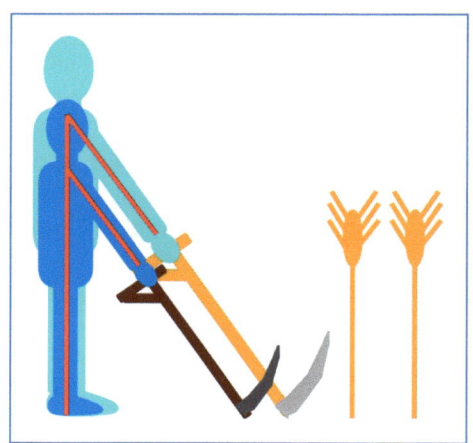

Abbildung 29: ansu(z)-Rune 2

nauthi(z)-Rune (ᚾ) [85]

Die **nauthi(z)-Rune** (germ. *nauthi(z)* = *Not, Zwang, Bedrängnis* [86]) (germ. *naudiz* = *Not, schicksalhafter Zwang* [87]) (germ. *nauthis* = *Not, Drangsal, Zwang, Unfreiheit* [88]) steht für *Not, leidigen Zwang jeder Art* [89], *Not, Abstieg, Niedergang* und *tatenloses Leben* [90] und stellt natürlich das Abstiegszeichen dar. Als Körperpose/ -geste ist dies natürlich auch darstellbar, auch wenn diese nicht allzu gebräuchlich ist (Abbildung 30). Aber es ist eben an der Abbildung zu sehen, dass der menschliche Körper auch für diese Rune Pate stand. Selbst das die Beistriche auf den meisten Runen-Denkmälern etwas oberhalb der Mitte des Hauptstabes ansetzen stimmt überein.

---

[85] G. Köbler schreibt auf den Seiten 102/ 240 im „Germanisch-neuhochdeutsches und neuhochdeutsch-germanisches Wörterbuch" sinngemäß, dass die n-Rune germ. nauthi(z)-Rune heiße und H. Arntz auf S. 204 im „Handbuch der Runenkunde", dass die n-Rune germ. nauþiz-Rune heiße.

[86] G. Köbler schreibt auf den Seiten 102/ 242/ 291 im „Germanisch-neuhochdeutsches und neuhochdeutsch-germanisches Wörterbuch" sinngemäß, dass germ. nauthi(z) gleich Not, Zwang, Bedrängnis heiße.

[87] H. Klingenberg schreibt auf den Seiten 190/ 191 in „Runenschrift Schriftdenken Runeninschriften" sinngemäß, dass germ. naudiz gleich Not, schicksalhafter Zwang heiße.

[88] H. Arntz schreibt auf S. 204 im „Handbuch der Runenkunde" sinngemäß, dass germ. nauthis gleich Not, Drangsal, Zwang, Unfreiheit heiße.

[89] E. Weber schreibt auf S. 60 in "Runenkunde" sinngemäß, dass die n-Rune für Not, leidigen Zwang jeder Art stehe.

[90] W. Blachetta schreibt auf den Seiten 46/ 90 in „Das Buch der deutschen Sinnzeichen" sinngemäß, dass die naut-Rune den Lautwert n habe, zur gemeingermanischen Runenreihe gehöre und für Not, Abstieg, Niedergang und tatenloses Leben stehe.

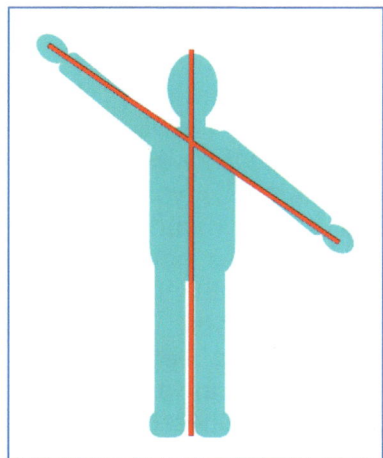

Abbildung 30: nauthi(z)-Rune

<u>k</u>auna(z)-Rune (‹) [91]

Name und Begriffsgeltung der Rune sind (germ. *kauna, kēna = Brand, Brandholz (Kienspan, Fackel), Krankheit (Eiter-, Wundbrand, Geschwür)* [92]) (germ. *kaunaz, kaunan, kēnaz, kēnan = Brandholz (bes. der Kiefer)* [93]) und also auf die Benutzung/ die Art der Gegenstände bezogen Feuer/ Wundfeuer. Und bezogen auf diesen Sinninhalt kann es sich als Personendarstellung um einen Fackelträger handeln (Abbildung 31) und als dargestellter Gegenstand um eine stilisierte Schale (z.B. der Schale in Abbildung 31)/ einen stilisierten Herd bzw. eine stilisierte Wunde, worin dann das Feuer, das Wundfeuer brennt (Abbildung 33).

Die Auslegung als Fackelträger wird noch dadurch gestützt, weil die k-Rune der nordischen Runenreihe, die sich aus dieser entwickelt hat, als Personendarstellung ebenfalls das Bild eines Fackelträgers abgibt (Abbildung 32).

Zwar ist es möglich, die Form der **kauna(z)-Rune** auch durch einen nach links angewinkelten Arm zu erreichen, also wie bei der **thurisa(z)-Rune** (Abbildung 11), nur eben zur anderen Seite. Dies widerspricht aber der Bildungsvorschrift der Runen, durch die zu einer Seite gerichtete Beistriche immer nach rechts vom Hauptstab aus gesehen (auch wenn dieser hier nicht mitgezeichnet ist) ausgerichtet werden, so dass diese Variante wohl nicht benutzt werden kann. Hier wäre aber nicht das Bild eines Fackelträgers herauslesbar, sondern nur in Richtung Kien/ (Wund-)Brand/ (Wund-)Feuer das einer Schale/ eines Herdes/ einer Wunde (Abbildung 33).

Und bei der anderen Sicht, dass *kenaz (Fackel)* und *kaunaz*

---

[91] K. Schneider schreibt auf Tafel I + III bei 6. in „Die germanischen Runennamen" sinngemäß, dass die k-Rune germ. u.a. kauna(z)-Rune heiße und H. Klingenberg auf S. 212 in „Runenschrift Schriftdenken Runeninschriften", dass die k-Rune germ. u.a. kauna-Rune heiße.
[92] H. Klingenberg schreibt auf S. 212 in „Runenschrift Schriftdenken Runeninschriften" sinngemäß, dass germ. kauna, kēna gleich Brand mit den Unterbedeutungen Brandholz (Kienspan, Fackel) und Krankheit (Eiter-, Wundbrand, Geschwür) heiße.
[93] K. Schneider schreibt auf Tafel I + III bei 6. in „Die germanischen Runennamen" sinngemäß, dass germ. kaunaz, kaunan, kēnaz, kēnan gleich Brandholz (bes. der Kiefer) bedeute.

(Geschwür, Krankheit) getrennt zu sehen sind [94] (auch in "Runenkunde" als Begriffsgeltung ausschließlich *Kienspan oder -fackel (häusliches Leben)* [95]), wäre sich eben für die **kena(z)-Rune** ((Kien-)Fackel) entsprechend (Abbildung 31) als Fackelträger und (Abbildung 33) als stilisierte Feuerschale/ Herd zu entscheiden. Im „Germanisch-neuhochdeutsches und neuhochdeutsch-germanisches Wörterbuch" ist auch beides unterschieden: *kizna* = *Kien* und *kauna(n)* = *Geschwür, Geschwulst, Krankheit* [96].

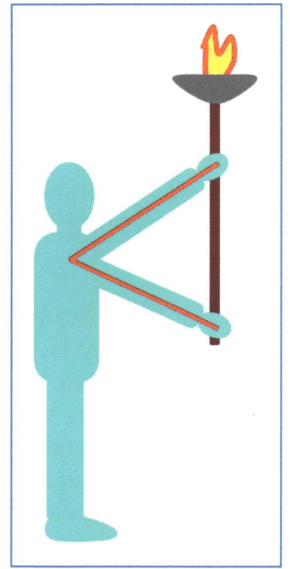

Abbildung 31: kauna(z)-Rune 1

---

[94] H. Arntz schreibt auf S. 196 im „Handbuch der Runenkunde" sinngemäß, dass germ. kaunaz gleich Krankheit, Geschwür und germ. kēnaz gleich Fackel heiße.
[95] E. Weber schreibt auf S. 60 in "Runenkunde" sinngemäß, dass die k-Rune für Kienspan oder -fackel (häusliches Leben) stehe.
[96] G. Köbler schreibt auf den Seiten 77/ 214 im „Germanisch-neuhochdeutsches und neuhochdeutsch-germanisches Wörterbuch" sinngemäß, dass kauna(n) gleich Geschwür, Geschwulst, Krankheit heiße, wobei die k-Rune zugeordnet ist, und auf S. 227, dass germ. kizna gleich Kien heiße, wobei die k-Rune nicht zugeordnet ist.

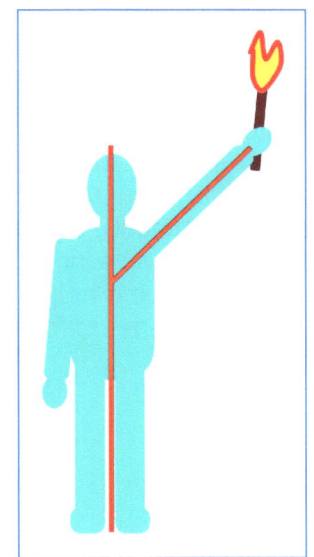

Abbildung 32: kauna(z)-Rune 2

Abbildung 33: Feuer im Sparren

i̲sa(z)-Rune (I) [97]

Hier ist einfach nur der durch die Körperlängsachse gebildete Runen-Hauptstab dargestellt (Abbildung 34). Der Name und der Sinninhalt der Rune sind germ. *isa(z) = Eis* [98], *tückisches Verderben, Tod* [99], *schleichendes Unheil* [100] und deuten kann man die Abbildung dann als Eisfläche, die man sich dann um 90° gedreht vorstellen muss, in die man einbrechen kann, aber wohl auch auf die Person bezogen als eine aalglatte, tückische Person, denn so sind beide Auslegungen konform mit der der Rune beigelegten Bedeutung.

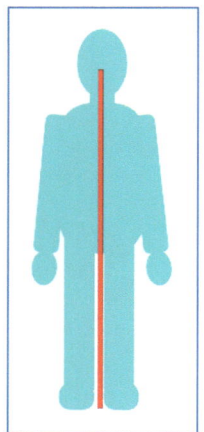

Abbildung 34: isa(z)-Rune

---

[97] G. Köbler schreibt auf S. 74 im „Germanisch-neuhochdeutsches und neuhochdeutsch-germanisches Wörterbuch" sinngemäß, dass die i-Rune germ. isa(z)-Rune heiße, H. Klingenberg auf den Seiten 190/ 191 in „Runenschrift Schriftdenken Runeninschriften", dass die i-Rune germ. isaz-Rune heiße und H. Arntz auf S. 205 im „Handbuch der Runenkunde", dass die i-Rune germ. isa-Rune heiße.

[98] G. Köbler schreibt auf den Seiten 74/ 200 im „Germanisch-neuhochdeutsches und neuhochdeutsch-germanisches Wörterbuch" sinngemäß, dass germ. isa(z) gleich Eis heiße und H. Klingenberg auf den Seiten 190/ 191 in „Runenschrift Schriftdenken Runeninschriften", dass germ. isaz gleich Eis heiße.

[99] E. Weber schreibt auf S. 60 in "Runenkunde" sinngemäß, dass die i-Rune für Eis, tückisches Verderben und Tod stehe.

[100] H. Arntz schreibt auf S. 205 im „Handbuch der Runenkunde" sinngemäß, dass germ. isa gleich Eis, schleichendes Unheil heiße.

<u>s</u>owila-Rune (⟨, ⟨) [101]

Und die Körperpose/ Körperhaltung der einen Form der **sowila-Rune** (germ. *sowila, sowelo = Sonne* [102]) (germ. *sowilo = Sonne* [103]) (germ. *sowelu = Sonne* [104]) (*s-Rune = Sonne* [105]) wird durch die (Abbildung 2) bestätigt. Sie stellt aber keine benutzte Geste des Menschen dar, es ist also „nur" eine Gegenstandsdefinition (Abbildung 35). Um die zweite Form der **sowila-Rune**, auch ausschließlich eine Gegenstandsdefinition, mit dem Körper darstellen zu können, muss dann noch zusätzlich zu (Abbildung 35) ein Bein angewinkelt werden (Abbildung 36).

Beide Formen der Rune haben vielleicht diese Form vom Blitz-Zeichen, dem Lichtblitz. Dargestellt kann aber auch die Bahn der Sonne über und unter dem Erdhorizont sein, was ja auch mit den Biegungen/ Krümmungen der Volutenarme der Irminsul mit gemeint ist, auf denen in der Mitte die Sonne symbolisch ihren Sitz hat, und dann muss man sich die Runen um 90° gedreht denken. Die **sowila-Rune** dürfte für natürliches Licht und natürliche Wärme stehen.

---

[101] G. Köbler schreibt auf S. 250 im „Germanisch-neuhochdeutsches und neuhochdeutsch-germanisches Wörterbuch" sinngemäß, dass die s-Rune germ. sowila-Rune heiße.

[102] G. Köbler schreibt auf S. 263 im „Germanisch-neuhochdeutsches und neuhochdeutsch-germanisches Wörterbuch" sinngemäß, dass germ. sowila, sowelo gleich Sonne heiße.

[103] H. Klingenberg schreibt auf den Seiten 190/ 191 in „Runenschrift Schriftdenken Runeninschriften" sinngemäß, dass germ. sowilo gleich Sonne heiße.

[104] H. Arntz schreibt auf S. 215 im „Handbuch der Runenkunde" sinngemäß, dass germ. sowelu gleich Sonne heiße.

[105] E. Weber schreibt auf S. 60 in "Runenkunde" sinngemäß, dass die s-Rune für Sonne stehe.

Abbildung 35: sowila-Rune 1

Abbildung 36: sowila-Rune 2

jera(n)-Rune (◇, ⋄) [106]

Rein bildlich gesehen stellt die in sich geschlossene **jera(n)-Rune** (germ. *jera(m)* = *Jahr*) (germ. *jera(n)* = *Jahr*) [107] in beiden Varianten den *Jahr*eslauf/ *Zeitenlauf*, neben *Jahressegen als gute Ernte* [108] und *fruchtbare Jahreszeit, Ernte* [109] die Begriffsgeltungen, in unendlicher Fortsetzung dar.

Und natürlich lassen sich beide Varianten der Rune durch den menschlichen Körper darstellen (Abbildung 37 + Abbildung 38), wenn die Haltungen auch keine bekannte Körperpose/ -geste repräsentieren. Dabei kann die zweite Form der **jera(n)-Rune** nur durch zwei ungleich große Personen gebildet werden (Abbildung 37), die hintereinander stehen und die die Körperlängsachse, den Hauptstab, den man sich hier dazu denken kann, gemeinsam haben.

Vorstellen kann man sich hier z. B., dass die beiden Personen den Sommer und den Winter repräsentieren, die kleinere den Winter und die größere den Sommer. Die unterschiedliche Größe nimmt dann Bezug auf die Sonnenwärme über das Jahr gesehen und beide Halbkreise stehen dann für die beiden Halbjahre (Sommer- und Winterhalbjahr) eines Jahres und können von der Form her, genau so wie man das bei der **sowila-Rune** auslegen kann, als Sonnenbahn über und unter dem Erdhorizont angesehen werden (hierzu muss man sich die Rune auch als um 90° gedreht denken).

---

[106] G. Köbler schreibt auf S. 224 im „Germanisch-neuhochdeutsches und neuhochdeutsch-germanisches Wörterbuch" sinngemäß, dass die j-Rune germ. jera(n)-Rune heiße, H. Klingenberg auf den Seiten 190/ 191 in „Runenschrift Schriftdenken Runeninschriften", dass die j-Rune germ. jeran-Rune heiße und H. Arntz auf S. 206 im „Handbuch der Runenkunde", dass die j-Rune germ. jera-Rune heiße.

[107] G. Köbler schreibt auf S. 74 im „Germanisch-neuhochdeutsches und neuhochdeutsch-germanisches Wörterbuch" sinngemäß, dass germ. jera(m) gleich Jahr heiße und auf S. 225, dass germ. jera(n) gleich Jahr heiße und H. Klingenberg auf den Seiten 190/ 191 in „Runenschrift Schriftdenken Runeninschriften", dass germ. jeran gleich Jahr heiße.

[108] E. Weber schreibt auf S. 60 in "Runenkunde" sinngemäß, dass die j-Rune für Jahr, Zeitenlauf, Jahressegen als gute Ernte stehe.

[109] H. Arntz schreibt auf S. 206 im „Handbuch der Runenkunde" sinngemäß, dass germ. jera für fruchtbare Jahreszeit, Ernte stehe.

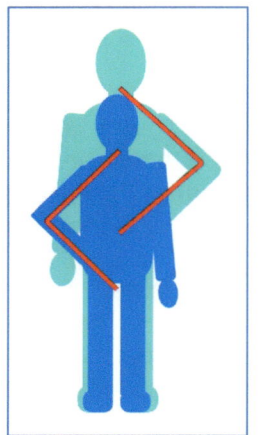

Abbildung 37: jera(n)-Rune 1

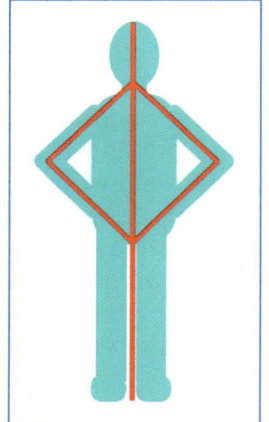

Abbildung 38: jera(n)-Rune 2

è(h)waz-Rune (∫) [110]

Die **è(h)waz-Rune** (germ. *è(h)waz = Eibe* [111]) (dabei meint das è einen Lautwert bei e und i [112], also dazwischen) (*è-Rune = Eiben-Rune* [113]) symbolisiert den *Weltenbaum, die natürliche Ordnung* [114]. Auch wenn die Rune „nur" den Gegenstand Baum meint und nichts in Richtung Körpergeste bedeutet, so wurde ihre Form doch an die Darstellungsmöglichkeiten des menschlichen Körpers angepasst (Abbildung 39).

Als Weltenbaum kann man sie sich dann als in der Erde (Wurzeln) und in der Sonne/ im Himmel (Krone) eingehakt (also als Maueranker wirkend) vorstellen, um sozusagen beides an ihrem Platz zu halten, um die natürliche Ordnung der Gestirne so aufrecht zu erhalten (Abbildung 40: a=Erde, b=Schaft der Irminsul/ Stamm des Weltenbaumes, c=Volutenarme der Irminsul/ Äste des Weltenbaumes, d=Sonne).

Da der Weltenbaum aber wiederum nur eine andere Darstellungsform der Himmelsstütze/ der Irminsul ist und diese, wie verschiedentlich in der Literatur bemerkt wurde, auch die (inneren) weiblichen Geschlechtsorgane von Pflanzen (Fruchtknoten, Griffel und Narbe als Entsprechung für die Erde, den Säulenschaft und die Volutenarme der Säule) (deshalb auch die Pflanzenähnlichkeit einiger Himmelsstützen) und Tieren/ dem Menschen (Gebärmutter, Eileiter und Eierstöcke als

---

[110] H. Klingenberg schreibt auf S. 191 in „Runenschrift Schriftdenken Runeninschriften" sinngemäß, dass die è-Rune germ. è(h)waz-Rune heiße und H. Arntz auf S. 206 im „Handbuch der Runenkunde", dass die è-Rune germ. eihwaz-Rune heiße.

[111] H. Klingenberg schreibt auf S. 191 in „Runenschrift Schriftdenken Runeninschriften" sinngemäß, dass germ. è(h)waz gleich Eibe heiße und H. Arntz auf S. 206 im „Handbuch der Runenkunde", dass germ. eihwaz gleich Eibe heiße.

[112] H. Klingenberg schreibt auf S. 192 in „Runenschrift Schriftdenken Runeninschriften" sinngemäß, dass der germ. Buchstabe è einen Lautwert habe, der neben i und e stehe.

[113] E. Weber schreibt auf S. 60 und J. Rieger im Vorwort in "Runenkunde" sinngemäß, dass die è-Rune die Eiben-Rune sei.

[114] J. Rieger schreibt im Vorwort in "Runenkunde" von E. Weber sinngemäß, dass die è-Rune Symbol für den Weltenbaum, die natürliche Ordnung sei.

Entsprechung für die Erde, den Säulenschaft und die Volutenarme der Säule) symbolisch darstellt/ meint, kann der Begriff „Erhalt der natürlichen Ordnung" natürlich auch auf die Pflanzenwelt und die Tierwelt/ den Menschen ausgedehnt werden.

So ist dann neben der Dreieinigkeit zwischen Werden, Sein und Vergehen bzw., anders ausgedrückt, zwischen Vergangenheit, Gegenwart und Zukunft, für die die Irminsul steht, eine weitere Dreieinigkeit zwischen Pflanzenwelt, Tierwelt/ Mensch und Gestirnswelt dargestellt (die vielfältigen Abhängigkeiten zwischen den Dreien meinend), so dass man insgesamt auf die in Odins Runenlied genannte Neunzahl kommt (Werden, Sein und Vergehen für jeweils Pflanzenwelt, Tierwelt/ Mensch und Gestirnswelt: 3 x 3 = 9), also die Anzahl der Nächte, die Odin am Weltenbaum hing, als er die Runen erfand, was vielleicht mit den 9 Tagen gemeint sein könnte. Diese zweite Dreieinigkeit dürfte mit der Irminsul also ebenso symbolisch gemeint sein, wie auch die beschriebene Neuneinigkeit.

Und da die Irminsul/ der Weltenbaum damit auch für Fruchtbarkeit steht, ist die Auslegung, dass die **ė(h)waz-Rune** mit dem *Storchzeichen verwandt* ist [115] (der Storch als Kinderbringer, was im Prinzip für den Menschen erst die natürliche Ordnung aufrecht erhält), sicher nicht falsch.

---

[115] W. Blachetta schreibt auf den Seiten 31/ 90 in „Das Buch der deutschen Sinnzeichen" sinngemäß, dass die eoh-Rune den Lautwert ey (ei) habe, zur gemeingermanischen Runenreihe gehöre und mit dem Storchzeichen zu vergleichen sei.

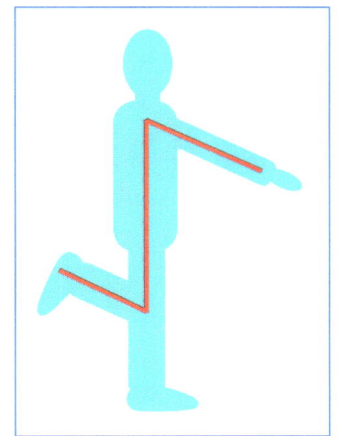

Abbildung 39: é(h)waz-Rune 1

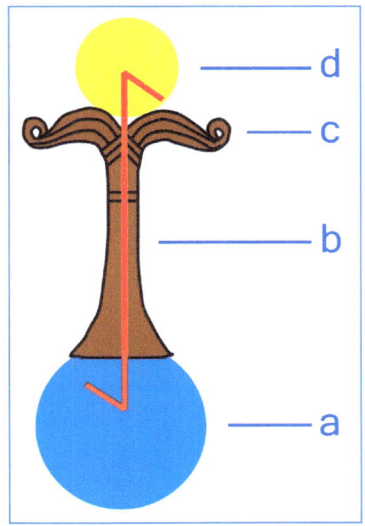

d

c

b

a

Abbildung 40: é(h)waz-Rune 2

49

ṯiwa(z)-Rune (↑) [116]

Diese Rune wird dem germanischen Himmels- und Kriegsgott Ziu zugeordnet (germ. *tiwa(z)* = *Ziu, Kriegsgott, Gott, Himmlischer* [117]) (germ. *tiwaz* = *Týr (früher der Himmelsgott)* [118]) (germ. *teiwaz* = *Gott Ziu* [119]) und wurde früher auf Waffen zum Sieg eingeritzt, gilt also als *Sieg-Rune* [120]. Rein bildlich gibt sie ja auch die Form eines Kampfsymbols, eines *Speeres*, ab [121].

Auch für diese Körperhaltung, die natürlich auch bei dieser Rune funktioniert und deshalb als auf den menschlichen Körper abgestimmt angesehen werden kann, lässt sich keine bekannte Pose/ Gebärde denken (Abbildung 41). Es ist also wieder „nur" der Gegenstand, also ein Speer, dargestellt.

---

[116] G. Köbler schreibt auf S. 270 im „Germanisch-neuhochdeutsches und neuhochdeutsch-germanisches Wörterbuch" sinngemäß, dass die t-Rune germ. tiwa(z)-Rune heiße und H. Klingenberg auf den Seiten 190/ 191 in „Runenschrift Schriftdenken Runeninschriften", dass die t-Rune germ. tiwaz-Rune heiße.

[117] G. Köbler schreibt auf S. 253 im „Germanisch-neuhochdeutsches und neuhochdeutsch-germanisches Wörterbuch" sinngemäß, dass germ. tiwa(z) gleich Ziu, Kriegsgott, Gott, Himmlischer heiße.

[118] H. Klingenberg schreibt auf den Seiten 190/ 191 in „Runenschrift Schriftdenken Runeninschriften" sinngemäß, dass germ. tiwaz gleich Týr heiße und dass dieser früher der Himmelsgott gewesen sei.

[119] H. Arntz schreibt auf S. 216 im „Handbuch der Runenkunde" sinngemäß, dass germ. teiwaz gleich Gott Ziu heiße und dass dieser Begriff der t-Rune zuzuordnen sei.

[120] J. Rieger schreibt im Vorwort in "Runenkunde" von E. Weber sinngemäß, dass die t-Rune die Sieg-Rune sei, die man auf Waffen zum Sieg eingeritzt habe.

[121] K. Schneider schreibt auf Tafel III bei 17. in „Die germanischen Runennamen" sinngemäß, dass die t-Rune den Bildwert einer Speerspitze habe.

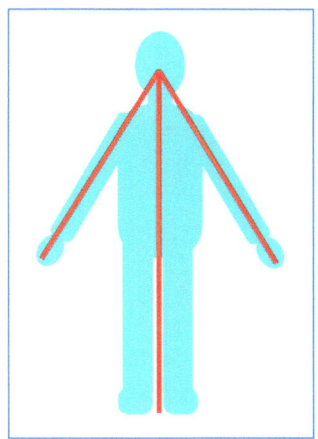
Abbildung 41: tiwa(z)-Rune

51

<u>b</u>erko-Rune (ᛒ) [122]

Auch die Körperdarstellung der **berko-Rune** (germ. *berko* = *Birke*, germ. *berkano* = *Birkenherrin* -> steht beides für „*Mutter Erde*" [123]) (germ. *berkanan* = *Birkenreis* [124]) (germ. *berkia, berk(i)o(n), berkja, berk(j)o(n)* = *Birke* [125]) (germ. *berkana* = *Birkenzweig* [126]) stellt keine bekannte/ benutzte Pose/ Geste dar und bildet „nur" die Form des Gegenstandes *„Brüste der Mutter Erde"* [127] bzw. in ähnlicher Auslegung *„zwei Berge"* (*Berge, die kreißen und die die zwei Mutterbrüste und ein Bild der Gebärmutter und des Schoßes der Mutter Erde sind*) [128], wofür sie steht, nach (die Rune ist sich dabei als um 90° nach links gedreht zu denken), aber es ist eben auch hier zu sehen, dass die Darstellung auf die Möglichkeiten des menschlichen Körpers abgestimmt wurde (Abbildung 42).

---

[122] K. Schneider schreibt auf Tafel I + III bei 18. in „Die germanischen Runennamen" sinngemäß, dass die b-Rune germ. u.a. berko-Rune heiße.

[123] K. Schneider schreibt auf Tafel I + III bei 18. in „Die germanischen Runennamen" sinngemäß, dass germ. berko gleich Birke und germ. berkano gleich Birkenherrin heiße, was beides für die Mutter Erde stehe.

[124] H. Klingenberg schreibt auf den Seiten 190/ 191 in „Runenschrift Schriftdenken Runeninschriften" sinngemäß, dass germ. berkanan gleich Birkenreis heiße.

[125] G. Köbler schreibt auf den Seiten 15/ 192 im „Germanisch-neuhochdeutsches und neuhochdeutsch-germanisches Wörterbuch" sinngemäß, dass germ. berkia, berk(i)o(n), berkja, berk(j)o(n) gleich Birke heiße.

[126] H. Arntz schreibt auf S. 220 im „Handbuch der Runenkunde" sinngemäß, dass germ. berkana gleich Birkenzweig heiße und dass dies der b-Rune zuzuordnen sei.

[127] K. Schneider schreibt auf Tafel III bei 18. in „Die germanischen Runennamen" sinngemäß, dass der Bildwert der b-Rune in der Sicht der um 90° nach links gedrehten Form der Rune „Brüste der Mutter Erde" sei.

[128] W. Blachetta schreibt auf S. 37/ 92 in „Das Buch der deutschen Sinnzeichen" sinngemäß, dass die bar-Rune den Lautwert b habe, zur gemeingermanischen Runenreihe gehöre, für den Schoß der Mutter Erde stehe und liegend das Zeichen der zwei Berge zeige, die wiederum die zwei Mutterbrüste und ein Bild der Gebärmutter seien. Der Volksmund spräche auch von Bergen, die kreißen und neues Leben gebären.

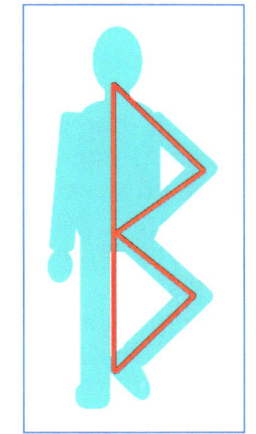

Abbildung 42: berko-Rune

pertho-Rune (ᛈ) [129]

Der *Verhehlungsname* der Rune *ist „Garten", womit der Mitgart, also die bewohnte Welt, gemeint ist* [130]. Vorstellen kann man sich dann, dass die Form der Rune von einem Schwanenschiff o. ä. genommen wurde (der rote Geradenzug in Abbildung 45). Was germ. pertho heißt, ist wohl noch nicht ermittelt. Im „Germanisch-neuhochdeutsches und neuhochdeutsch-germanisches Wörterbuch" steht für germ. *pertho = (Fruchtbaum)* [131], aber in Klammern, und in „Runenschrift Schriftdenken Runeninschriften" bei *perþo = Fruchtbaum (?)* ein Fragezeichen dahinter [132], was (sicherlich) meint, dass die Übersetzung nicht gesichert ist.

Auch diese Rune lässt sich mit dem menschlichen Körper darstellen (in zwei Varianten: Abbildung 43 im Stehen und Abbildung 44 im Sitzen), weshalb man sie ebenfalls als auf ihn abgestimmt ansehen kann, wenn die Haltung bei (Abbildung 43) auch ungewöhnlich ist und keine benutzte Körperpose/ -geste darstellt.

Eher kann man sich die Person im Sitzen (auf dem Boden) vorstellen (Abbildung 44), wie auch ähnliches z.B. auf dem runenlosen Horn von Gallehus auf dem obersten (siebenten) Reifen zu sehen ist, wo nach E. Oxenstierna in „Die Goldhörner von Gallehus" sinngemäß ein Ballwurfspiel im Sitzen zwischen einer Person und einem Tier (in Abbildung 46 nachempfunden) und

---

[129] G. Köbler schreibt auf den Seiten 106/ 243 im „Germanisch-neuhochdeutsches und neuhochdeutsch-germanisches Wörterbuch" sinngemäß, dass die p-Rune germ. pertho-Rune heiße und H. Klingenberg auf den Seiten 190/ 191 in „Runenschrift Schriftdenken Runeninschriften" sinngemäß, dass die p-Rune germ. perþo-Rune heiße.
[130] W. Blachetta schreibt auf S. 32/ 91 in „Das Buch der deutschen Sinnzeichen" sinngemäß, dass der Verhehlungsname der peord-Rune, die den Lautwert p habe und zur gemeingermanischen Runenreihe gehöre, Garten sei, womit der Mitgart gemeint sei.
[131] G. Köbler schreibt auf S. 106 im „Germanisch-neuhochdeutsches und neuhochdeutsch-germanisches Wörterbuch" sinngemäß, dass germ. pertho gleich (Fruchtbaum) heiße.
[132] H. Klingenberg schreibt auf den Seiten 190/ 191 in „Runenschrift Schriftdenken Runeninschriften" sinngemäß, dass germ. perþo gleich Fruchtbaum (?) heiße.

weiter auch eine ähnliche Wurfszene (mit einem stabähnlichen Gegenstand) im Sitzen zwischen einer Person und einem Tier dargestellt sei (wobei auf der zugehörigen Abbildung zu sehen ist, dass das Tier dabei von der dahinter sitzenden Person an der Leine gehalten wird, also gefesselt ist, und bei ersterer Wurfszene nicht) .

Wenn man ergänzend dazu annimmt, dass das Tier in beiden Fällen der Wolf Skoll, der Sohn des Fenriswolfes, ist, der die Sonne am Abend frisst, damit es dunkel wird, und dass der Ball bei der ersten Wurfszene die Sonne ist, ergäbe sich ein Zusammenhang zum Rahmen, den die anderen Runen bilden und selbst speziell zum Begriff Garten, bewohnte Welt in dem Sinne, dass dann in beiden Wurfspielvarianten ein Wechselspiel zwischen dem Licht (jeweils die Person, entweder Odin, die Sonne, oder Balder, das Licht, meinend) und der Dunkelheit (Skoll) dargestellt ist, wobei der in einer Bogenlampe geworfene Sonnenball, der wie das Original am Himmel so sozusagen einen Aufgang, einen Zenit und einen Untergang hat, die gesamte bewohnte Welt überstreicht.

Folglich muss es sich bei dem stabförmigen Wurf-Gegenstand der zweiten Wurfszene um so etwas wie den Schaft der Irminsul/ den Stamm des Weltenbaumes handeln, mit ähnlicher Bedeutung wie bei der **è(h)waz-Rune**, die gesetzmäßige Ordnung der Sonne, der Gestirne und der Welt meinend. Dazu passt auch, dass Skoll bei der zweiten Wurfspielvariante, wie sein Vater der Fenriswolf, gefesselt ist, was dann auch die gesetzmäßige Ordnung wie oben meint. Im Gegensatz zur außer Kurs geratenen Ordnung, was wohl der ungefesselte Wolf Skoll bei der ersten Wurfspielvariante meint.

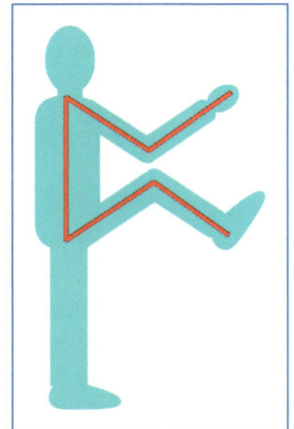

Abbildung 43: pertho-Rune 1

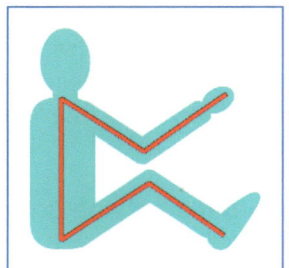

Abbildung 44: pertho-Rune 2

Abbildung 45: pertho-Rune 3

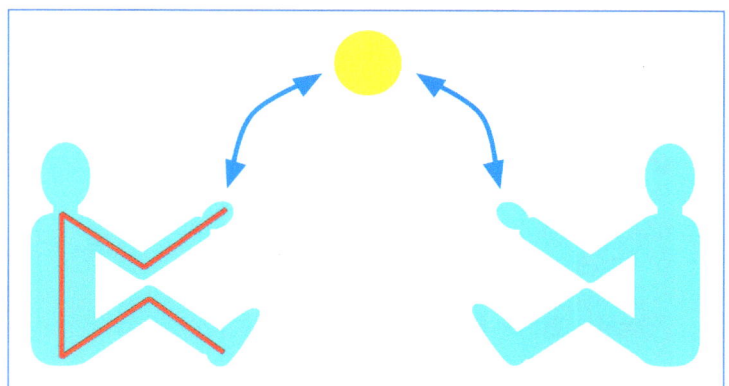

Abbildung 46: pertho-Rune 4

Verzeichnis der Abbildungen

(alle Abbildungen Verfasser)

Literaturliste

„Atlantis" von Jürgen Spanuth, Grabert-Verlag, Tübingen, 1965;

„Das Buch der deutschen Sinnzeichen" von Walter Blachetta, Schütz-Verlag, Coburg, Reprint der Originalausgabe von 1941;

„Das Erbe der Ahnen" vom Arbeitskreis Deutsche Mythologie, Schütz-Verlag, Coburg, Reprint der Originalausgabe von 1941;

„Die Atlanter" von Jürgen Spanuth, Grabert-Verlag, Tübingen, 1977;

„Die Edda, die ältere und jüngere nebst den mythischen Erzählungen der Skalda" übersetzt und mit Erläuterungen begleitet von Karl Simrock, Verlag der J. G. Cottaschen Buchhandlung, Stuttgart, 1864;

„Die germanischen Runennamen" von Karl Schneider, Verlag Anton Hain K. G., Meisenheim am Glan, 1956;

„Die Goldhörner von Gallehus" von Eric Graf Oxenstierna, im Selbstverlag E. Oxenstierna, 1956;

„Die Philister" von Jürgen Spanuth, Otto Zeller Verlag, Osnabrück, 1980;

„Die Rückkehr der Herakliden" von Jürgen Spanuth, Grabert-Verlag, Tübingen, 1989;

„Germanisch-neuhochdeutsches und neuhochdeutsch-germanisches Wörterbuch" von Gerhard Köbler, Arbeiten zur Rechts- und Sprachwissenschaft Verlag, Gießen-Lahn, 1981;

„Handbuch der Runenkunde" von Helmut Arntz, Max Niemeyer Verlag, Halle (Saale), 1944;

„Kultstätten in Deutschland" von Harry Radegeis, Nordwelt-Versand GmbH, Sibbesse, 2006;

"Runenkunde" von Edmund Weber, Schütz-Verlag Coburg, Reprint der Originalausgabe von 1941;

„Runenschrift Schriftdenken Runeninschriften" von Heinz Klingenberg, Carl Winter Universitätsverlag, Heidelberg, 1973;

„Thule, Altnordische Dichtung und Prosa", Band 2: „Edda, zweiter Band, Götterdichtung und Spruchdichtung", von Felix Niedner, Eugen Diederichs Verlag, Jena, 1920;

„Vom Ursprung der Buchstabenschrift und das Runenalphabet" von Otto Zeller, Biblio Verlag, Osnabrück, 1977;

„Walhall, Die Götterwelt der Germanen" von E. Doepler/ W. Ranisch, Reprint-Verlag, Leipzig, Reprint der Originalausgabe von 1900;

Register

www.ingramcontent.com/pod-product-compliance
Lightning Source LLC
Chambersburg PA
CBHW040834180526
45159CB00001B/180